AF377808

LE LIVRE

DE TOUTES

LES CHASSES

DICTIONNAIRE ENCYCLOPÉDIQUE

DU CHASSEUR

PAR

ERNEST PARENT

DIRECTEUR DU „ JOURNAL DES HARAS ET GAZETTE DES CHASSEURS"

SECOND VOLUME

BRUXELLES

V* PARENT & FILS, ÉDITEURS,
17, montagne de Sion.

PARIS

CH. TANERA, ÉDITEUR,
6, rue de Savoie.

1866

Imp. de Vᵉ PARENT et FILS à Bruxelles.

JAGUAR. *Jaguar.* Ce superbe spécimen de la race féline est originaire de l'Amérique. C'est l'animal que Buffon appelle panthère. On l'a parfois employé à la chasse, mais au grand péril de ceux qui ont fait cette tentative. Le jaguar s'élançait sur le buffalo ou tout autre grand animal qui lui était désigné, lui coupait la jugulaire, buvait le sang et abandonnait le corps intact à son maître. Quand il avait manqué sa proie, l'animal donnait des signes de fureur et devenait très-dangereux. Le jaguar est d'une taille supérieure à celle de l'once ou panthère

16

proprement dite et à celle du léopard.

JAMBE. C'est l'expression consacrée pour désigner la partie des membres qui pour les cerfs va du talon aux ergots, et pour les bêtes noires du talon aux gardes. C'est ce qui correspond aux paturons des chevaux.

JARS. C'est le terme propre pour désigner l'oie mâle.

JEUNEMENT. On attache cette désignation à celle de dixcors, quand le cerf n'a pas plus de six ans.

JEUNE MEUTE. On donne ce nom en termes de vénerie aux chiens les plus jeunes et les plus ardents, qui servent à l'attaque, par opposition aux chiens plus sages qui sont consacrés aux relais. L'expression *chiens d'attaque* est synonyme de celle de jeune meute.

JEUNES. V. *Chasse aux jeunes.*

JOINTÉ. On dit en termes de vénerie qu'un animal est haut jointé ou bas jointé selon que la jambe, — c'est-à-dire la partie située entre le talon et l'er-

got ou la garde, — est longue ou courte.

JOUETTE. C'est le nom que l'on donne aux terriers inachevés creusés par les lapins, non pour y demeurer, mais uniquement dans le but de s'amuser en grattant la terre. Ces terriers n'ont pas de profondeur et ne contiennent point d'animaux.

JUDELLE. V. *Foulque.*

JUGÉ. Terme de chasse à tir. On tir au jugé quand on n'a pu lâcher son coup avant que l'animal ait disparu derrière les branches d'un arbre, d'une haie ou d'un taillis. C'est surtout à la chasse du lapin et à celle de la bécasse que l'on est fréquemment obligé de tirer au jugé.

JUGER LE CERF. Il existe de nombreux indices au moyen desquels les veneurs *jugent* le cerf, c'est-à-dire, en apprécient le sexe, l'âge et la force sans l'avoir vu. Ces indices sont les *portées*, les *fumées*, le *pied*, les *allures*, les *foulées*, les *fuites*, le *raire*, les *ergots*, la *reposée*, les *abattures*.

On entend par *portées* les traces que laisse dans le taillis le passage du cerf dont le bois brise ou écorche les branches et déchire les feuilles. Quand les portées sont élevées, on peut en conclure que le cerf est grand et fort.

Les *fumées* du cerf changent d'aspect aux diverses époques de l'année. Au printemps, elles sont sans consistance et offrent à peu près l'apparence de la bouze de vaches : aussi les appelle-t-on fumées en bouzards. Au commencement de l'été, elles sont plus consistantes sans se diviser ; ce sont les fumées en plateau. En juillet, elles sont ramassées, à demi formées, on les nomme fumées en troches. Enfin, en août, les fumées se forment complétement, et prennent les noms de fumées formées, ou de fumées en chapelets selon qu'elles sont séparées ou réunies par une espèce de glaire. Ces dernières sont particulières aux vieux cerfs et aux biches, mais chez celles-ci le glaire est ordinairement sanguinolent. Les dix-cors avancent toujours l'époque où les fumées changent de forme : quand les jeunes les jettent encore en bouzards, les vieux les jettent déjà en plateaux et ainsi de suite jusqu'à l'époque du rut qui vient également pour les vieux cerfs quinze jours plus tôt que pour les jeunes.

Les indices que l'on tire du *pied* sont de loin les plus sûrs, pour juger du sexe et de l'âge du cerf. Tant que l'animal n'a pas atteint toute sa taille, son pied augmente en dimension ; puis, plus il avance en âge, plus ses pinces qui étaient primitivement pointues s'usent et s'arrondissent. Les ergots prennent de l'accroissement, et l'empreinte de leur extrémité inférieure est plus rapprochée de celle du pied chez un vieux cerf que chez un jeune. Le cerf a les pieds de derrière beaucoup plus petits que ceux de devant : cette anomalie n'existe pas chez la biche. Celle-ci ouvre la pince ; son pied est généralement mal fait ; ses ergots sont tournés en dedans ; le talon est étroit. On pourrait dans certains cas confondre la biche et le jeune cerf, parce que ce dernier ouvre parfois aussi la pince ; mais ce n'est jamais que le pied de devant, celui de derrière est toujours serré. A mesure qu'un cerf avance en âge, sa marche offre plus de régularité ; chez un dix-cors, par exemple, la trace du pied de derrière sera toujours exactement placée dans celle du pied de devant, tandis que les daguets outrepassent, c'est-à-dire placent le pied de derrière au delà de l'empreinte du pied de devant. La biche ne marche jamais régulièrement ; au contraire du daguet, son pied de derrière n'atteint pas à la trace du pied de devant, et de plus, il n'est jamais placé sur la même ligne. Elle le pose à côté et presque toujours en dehors.

Il y a des époques dans l'année où les *allures* des cerfs se modifient ; au moment où ils viennent de perdre leur tête, se sentant tout à coup plus légers, ils outrepassent comme les daguets. Lorsqu'ils ont refait leur bois et qu'ils arrivent à leur plus haut point de graisse et de force, leur poids est cause qu'ils font tarder leurs pieds de derrière.

On entend par *foulées* les empreintes que laisse le pied du cerf sur l'herbe, la mousse, les feuilles sèches, etc. Comme les indications qu'on peut tirer dans ces circonstances sont bien plus vagues que celles que fournissent les empreintes laissées sur le sol, on ne s'en sert qu'à défaut de celles-ci. On peut cependant juger souvent de la grosseur et des allures de l'animal d'après les foulées ; selon la façon dont l'herbe est penchée, on voit aussi la direction que l'animal a suivie.

On donne le nom de *fuites* à la distance qui existe entre les enjambées du cerf. Plus ces distances seront grandes, et plus grande sera estimée la taille de l'animal.

Le *raire* est le cri du cerf à l'époque du rut, et il est facile pour ceux qui l'entendent de juger de l'âge de l'animal ; la différence des intonations est très-grande entre le jeune cerf qui a la voix aiguë et le vieux cerf dont la voix grave ressemble au mugissement du taureau.

Les *ergots* sont placés un peu au-dessus du talon ; s'ils laissent une trace sur le sol, c'est à cause de l'extrême élasticité de la jambe. Les ergots de la biche sont plus pointus que ceux du cerf ; ceux du daguet affectent la forme d'un croissant. A mesure que le cerf avance en âge, les ergots se rapprochent du talon.

La *reposée* est l'endroit où le cerf reste couché durant la journée : sa largeur et sa profondeur donnent la mesure des formes de l'animal.

Les *abattures* enfin, sont les traces que le cerf en passant a laissées dans les taillis. La tête de l'animal ne saurait manquer de briser les petites branches qui se rencontrent sur sa route, surtout lorsqu'il galope rapide- ment. Les abattures marquent la direction dans laquelle le cerf marchait, et leur hauteur peut servir à indiquer la taille de l'animal.

16.

LACET. Cet engin consiste simplement dans un nœud coulant que l'on place à un endroit où l'on suppose que certains gibiers doivent passer. Une fois engagés dans le piége, les efforts mêmes qu'ils font pour fuir servent à augmenter la pression du nœud coulant et à les étrangler. On peut appliquer l'usage du lacet à la chasse de tous les animaux, depuis le chevreuil jusqu'à la mésange, mais l'emploi de cet engin est défendu, sauf en ce qui concerne la bécasse, la grive et les petits passereaux.

Bien que la bécasse paraisse

aussi forte que la perdrix, par une bizarrerie dont il serait oiseux de chercher l'explication, elle ne fait presque point d'efforts pour se libérer quand elle est prise au lacet; c'est ce qui fait que le même engin qui ne pourrait retenir une perdrix à cause de son peu de solidité, peut servir parfaitement à prendre une bécasse. Un lacet composé de trois crins suffit le plus souvent à retenir ce dernier oiseau; pour la perdrix il en faudrait cinq ou quatre pour le moins.

La grive se prend en énormes quantités au moyen de lacets; on se sert comme appât des baies de sorbier, qui ont le double avantage d'être avidement recherchées par ces oiseaux, et, grâce à leur couleur vive, d'être visibles de fort loin. Pour réussir dans cette chasse, il faut avoir soin de faire enlever et emmagasiner toutes les baies de sorbier des environs avant le début du passage qui commence dans les derniers jours de septembre. Les lacets destinés aux grives se font au moyen de deux crins tordus.

On pourrait arriver facilement à prendre l'ortolan par le même procédé, mais comme cet oiseau n'a de valeur que quand il a été engraissé, sa capture ne vaudrait point la peine qu'elle coûterait.

On peut tirer un bon parti du lacet pour la destruction des oiseaux nuisibles quand on connaît l'emplacement de leur nid. En entourant celui-ci d'engins de ce genre, il est bien difficile que les oiseaux y échappent. Il faut attendre pour agir de la sorte que les petits soient nés, car tant qu'ils n'ont que des œufs, tous les oiseaux en général n'hésitent pas à les abandonner s'ils s'aperçoivent que l'on est venu y porter la main.

LADRE. On donne ce nom à certains lièvres auxquels un séjour prolongé dans des localités marécageuses et basses a fait contracter une maladie qui les rend longs, maigres et mous, et donne à leur chair un goût détestable.

Le chasseur qui tire un ladre fait bien de le laisser sur place, car il ne mérite point les honneurs de la carnassière.

LAGOPÈDE. *White Grouse.* Tetrao Lagopus.

Cet oiseau a, à bien peu de chose près, la même taille que l'attagas. Sa couleur générale en été est d'un brun cendré

assez pâle sur lequel se déta-
chent des points et des raies
plus foncées. Les ailes seules
sont blanches. L'hiver, l'animal
devient presque complétement
blanc.

Lagopède.

Le lagopède fréquente de préférence les régions élevées où il
brave les plus grands froids ; on
le trouve dans les parties septentrionales de l'Europe, et
même au Groenland. Dans les
Iles britanniques, il ne se rencontre que sur les Highlands
d'Écosse ; il est absolument inconnu en France et dans l'Europe centrale.

Ces oiseaux se rassemblent
en bandes pendant l'hiver, et
on peut assez souvent les approcher à portée de fusil à cette
époque de l'année. Il paraît
même que, loin d'être plus
craintifs par les temps froids
comme il arrive à tous les autres oiseaux, on en tue assez
fréquemment à coups de pierre
ou de bâton. On les voit de fort
loin quand il n'y a pas de neige,
et, n'était la complète immobi-
lité qu'ils gardent le plus souvent, on les prendrait pour des
pigeons blancs. Ils ne volent
presque jamais loin, et ils ne
s'élèvent pas dans l'air ; on leur
voit souvent décrire des cercles
comme les pigeons domestiques. Il n'est pas indispensable
d'être accompagné d'un chien
pour les chasser ; leur couleur
les trahit bientôt ; on les trouve
fréquemment abrités à côté
d'une grosse pierre.

En Angleterre, on donne

également à cet oiseau le nom de Ptarmigan.

LAIE. C'est le terme propre pour désigner la femelle du sanglier.

LAISSE. C'est un cordeau, fabriqué d'ordinaire en crin tressé et que l'on emploie pour retenir son chien près de soi. On se sert aussi de la laisse pour attacher deux chiens ensemble, et de là vient que l'on dit parfois : une laisse de bassets, une laisse de lévriers, pour deux bassets, deux lévriers.

Il faut mettre tous les chiens en laisse quand on chasse en battue.

LAISSÉES. Ce nom s'applique aux excréments du loup et à ceux des bêtes noires.

Les laissées du loup se trouvent toujours sur une pierre ou sur le bord d'un chemin, tandis que la louve les laisse indifféremment en tout endroit.

Comme le chien, le loup ne manque jamais de se *déchausser*, c'est-à-dire, de gratter vivement la terre avec ses pattes de derrière après avoir déposé ses laissées. Les traces qu'il laisse ainsi dans le sol s'appellent *déchaussures*.

LAISSER COURRE. Ce mot est quelquefois usité comme synonyme de l'expression de chasse à courre, mais le plus souvent on s'en sert pour désigner l'action d'entamer la poursuite en découplant les chiens sur la voie.

LAMBEAUX. On trouve parfois sur le sol ou sur les buissons des débris de peau qui viennent de se détacher de la tête d'un cerf en train de frayer. On donne le nom de lambeaux à ces indices qui peuvent être utiles en certains cas.

LANCER. Ce terme de chasse à courre signifie proprement : l'acte de faire sortir l'animal de son fort.

Pour lancer la bête, on découple quelques vieux chiens sur les brisées, et c'est seulement quand ils ont mis le gibier sur pied qu'on découple toute la meute sur la voie.

On entend encore par lancer, l'endroit où l'animal a été mis sur pied, et c'est dans ce sens que l'on peut dire : le cerf revient au lancer.

LANCER A TRAIT DE LIMIER. Terme de chasse à courre. On lance une bête à trait de limier quand on la force à quitter son fort à l'aide d'un limier que le piqueur ou le valet de chien tient en laisse.

LAPEREAU. Le jeune lapin porte ce nom tant qu'il n'a pas atteint l'âge d'un an.

LAPIN. *Rabbit.* Lepus cuniculus.

Bien que cet animal ait avec le lièvre les plus grands rapports de conformation, les deux races ont l'une pour l'autre une singulière antipathie, et l'on peut affirmer qu'un canton riche en lièvres compte bien peu de lapins et vice-versa. Le lapin est plus fécond encore que le lièvre ; il produit annuellement un nombre égal de portées, mais celles-ci sont deux, trois ou quatre fois plus nombreuses.

Le lapin ne pèse que quatre ou cinq livres ; il a les jambes postérieures plus courtes que celles du lièvre, ce qui ne l'empêche pas de courir avec une étonnante vélocité pendant les cent premiers mètres ; mais il se lasse vite, et, dans une vaste plaine, un seul chien réussirait parfois à le prendre en quelques minutes.

Le lapin se creuse un terrier comme le renard ; il y demeure durant une grande partie du jour, et quand il en sort, il ne s'en éloigne jamais beaucoup. Le soir il sort pour se rendre dans les taillis, les prés ou les champs.

On a remarqué avec quelle rapidité les lapins sauvages se transforment en lapins domestiques et vice-versa au bout de quelques générations. Pour peupler une garenne, il suffit d'y placer quelques couples de lapins de clapier qui peu à peu perdent leur taille et acquièrent toutes les qualités ainsi que l'apparence du lapin sauvage.

Dans une garenne close, si l'on veut tuer un grand nombre de lapins, il suffit de se jucher sur un arbre. Les animaux ne pouvant ni voir le chasseur ni flairer sa piste, sont peu effrayés des coups de fusil, mais il faut se garder d'aller ramasser les morts avant que l'on ait l'intention de cesser sa chasse.

On a comparé le tir du lapin au bois à celui de la bécasse, et il n'offre en effet guère moins de difficulté : il faut, pour y réussir, une agilité de main et une sûreté de coup d'œil que l'on n'acquiert qu'après une bien longue pratique.

La chasse au lapin à l'aide de furets (voyez *Chasse au furet*) est moins difficile, le lapin courant moins vite quand il sort du terrier que quand il déboule au bois ; d'ailleurs, son départ est jusqu'à un certain point moins inopiné.

La chasse à courre du lapin est très-insignifiante et partant on la pratique fort peu ; quand on a bouché son terrier, préliminaire indispensable de cette chasse, le lapin y revient sans cesse, en se faisant battre dans le même canton. Il n'a guère de ruses et sa poursuite cause peu d'émotions.

LARMIERS. Ce sont les conduits placés sous les yeux des cerfs et qui souvent sont assez proéminents.

LAVANDIÈRE. *Water wagtail*. Motacilla Lugubris.

Cet oiseau a la forme, la démarche, les mœurs de la bergeronnette, avec laquelle elle partage la dénomination de hochequeue ; elle n'en diffère guère que par le plumage qui, chez la lavandière, n'est composé que de blanc et de noir. Ces deux couleurs, disposées d'une façon élégante, lui font une sorte d'habit de deuil auquel elle a dû sa dénomination latine.

Quels que soient les rapports qu'ont entre eux ces deux oiseaux, ils pourraient difficilement être confondus, car à l'époque du passage ils ne se rencontrent jamais ensemble, puisque la bergeronnette a totalement terminé sa migration avant que la lavandière commence la sienne, dans les derniers jours de septembre.

Le cri d'appel de la lavandière s'imite assez bien au moyen du petit appeau à béguinettes (voyez *Appeaux*) ; cependant, il est préférable d'avoir un appeau vivant de ce genre. Ces oiseaux se font prendre facilement ; ils voyagent en très-petites bandes et le plus souvent par couples, mais il est rare que l'on en prenne plus d'un à la fois, car ils se posent sur le sol à d'assez grandes distances les uns des autres, comme les alouettes pipits.

LAYONS. On donne ce nom aux sentiers tracés dans les taillis trop touffus, afin de donner plus de facilité aux chasseurs.

LEURRE. Terme de fauconnerie. C'est l'objet que l'on fait voir au faucon pour lui faire comprendre qu'il doit revenir se poser sur le poing de son maître. On peut employer des leurres de divers genres ; les Arabes font usage d'une simple peau de lièvre, mais c'est ordinairement un gros gland de laine de couleurs éclatantes. On ne manque jamais quand l'oiseau a obéi au signal du leurre de lui donner en récompense quelques morceaux de chair choisie. Un faucon qui connaît bien le leurre peut être considéré comme propre à voler, son éducation est terminée.

LEVER. Ce mot s'emploie dans la chasse à tir et dans la vénerie. On dit qu'une bête est levée quand elle est mise sur pied, et dans un autre sens, on dit : lever le pied de l'animal pour l'offrir au maître d'équipage.

En terme de chasse à tir, le gibier lève au moment où il prend son vol ou sa course devant le chasseur.

LEVRAUT. Nom du jeune lièvre ; il devient demi-lièvre à quatre mois et trois-quarts à six mois. C'est vers neuf ou dix mois qu'il prend le nom de lièvre. On chasse parfois le levraut au chien courant pour exercer une meute de jeunes chiens. Il est très-facile à prendre.

LEVRETTE. Ce charmant petit chien est originaire d'Italie ; c'est encore aujourd'hui à Florence qu'on en trouve les plus beaux specimens. Les Anglais, pour ce motif, lui donnent le nom de lévrier d'Italie : *Italian Greyhound.*

Pour être parfait, ce chien doit se rapprocher autant que possible des formes du lévrier anglais, dont il n'est qu'une miniature. Sa tête est seulement un peu plus forte en proportion et ses yeux plus grands. La couleur la plus recherchée est le fauve doré ; on prise beaucoup aussi la couleur tourterelle, l'isabelle, le gris ardoise, le fauve et le roux avec marques noires, enfin le noir pur. Le blanc et les diverses autres couleurs mélangées de blanc sont peu en faveur.

On a tenté maintes fois d'employer ces chiens à la chasse, mais bien qu'ils soient doués d'une vitesse considérable et qu'ils poursuivent volontiers le gibier, on n'est jamais parvenu à leur faire forcer même le lapin ; ils renoncent invariablement à la chasse avant d'avoir obtenu de résultat.

LÉVRIER. *Greyhound.* Ce chien, que l'on considère comme très-ancien, doit être classé tout à fait à part parmi les chiens de chasse. Ses formes diffèrent de celles de tous les autres de la façon la plus marquée ; son système de motion est infiniment plus puissant, et, par contre, s'il n'est pas positivement privé d'odorat, au moins n'a-t-il point la faculté d'en faire usage pour suivre la trace du gibier. Le lévrier ne chasse donc qu'à vue et en plaine ; si l'animal qu'il poursuit parvient à gagner un couvert, il est perdu pour le chasseur.

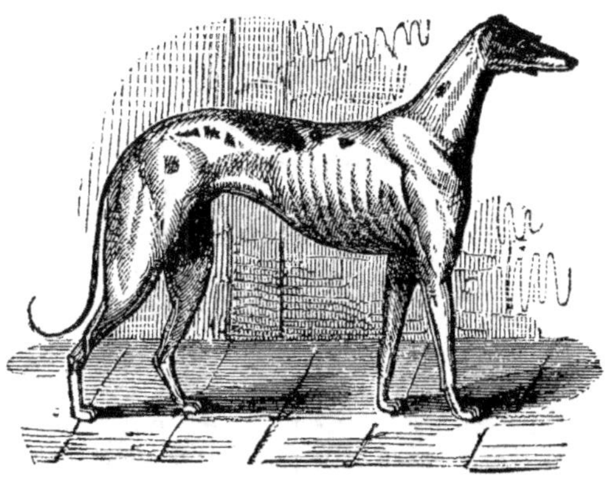

Lévrier.

Le lévrier moderne a été singulièrement amélioré par les Anglais, qui ont cherché à pousser au plus haut point ses qualités naturelles de fond et de vitesse. La variété actuelle remonte à 1831, époque à laquelle on a rapporté une loi qui ne permettait l'emploi du lévrier qu'aux propriétaires de terres produisant un revenu minimum de 25,000 francs. Depuis lors, le genre de sport qui porte le nom de *Coursing* s'est énormément répandu en Angleterre, et avec lui l'élève du lévrier, dont la race est conservée et améliorée par elle-même avec un soin excessif. Le coursing est une lutte ou concours entre deux ou plusieurs lévriers, qui mesurent leurs qualités de force, d'adresse et de rapidité en poursuivant un lièvre. On ne met jamais sur la piste d'un lièvre plus de deux lévriers, et quand un grand nombre sont engagés pour le même prix, il faut autant d'épreuves qu'il y a de chiens moins une, soit 63 courses pour 64 lévriers, 31 courses pour 32 lévriers, 15 pour 16 lévriers, etc. On ne peut, en ce qui concerne le chiffre des concurrents, sortir des nombres de 64, 32, 16, 8, 4 ou 2. Le Waterloo Cup, la principale course de lévriers qu'il y ait en Angleterre, est ouverte à 64 chiens, **les prix s'élèvent à 25,000 fr. Un juge est nommé, qui, après chaque course, décerne l'avantage à l'un des deux chiens ; sa décision est sans appel. Ce n'est pas toujours le chien qui tue le lièvre qui l'emporte, si, durant toute la poursuite, son compagnon a fait preuve de supériorité. Le juge tient compte de nombreuses circonstances : il note celui des deux chiens qui a le premier rejoint le lièvre, celui qui le serre de plus près et lui fait faire son premier crochet, celui qui tourne le plus court après un crochet du lièvre, enfin celui qui tue.**

Les qualités de conformation qui sont recherchées dans le lévrier sont les suivantes :

1° Une tête plate, avec le plus de développement possible du crâne derrière les oreilles ;

2° Un cou long et doué d'une grande souplesse ;

3° Un rein très-développé et de forme carrée ;

4° Une poitrine profonde, sans excès, car, dans ce cas, le chien lancé à fond de train se heurte le sternum aux irrégularités du sol ;

5° Une queue mince, signe de haute race : ceci s'applique aux os seulement, car bien des lévriers de tout premier ordre ont beaucoup de poil à la queue, ce qui n'est point un défaut ;

6° Des pieds ronds dont la partie inférieure soit couverte d'une peau très-épaisse ;

7° Une grande longueur des os des membres postérieurs. Cette qualité est considérée comme si importante, que pour faire le choix des chiens que l'on veut conserver d'une portée, il est d'usage de les étendre et de garder ceux qui ont le plus de longueur des pieds de devant aux pieds de derrière ;

8° Une épaule longue et bien oblique.

Les couleurs les plus fréquemment rencontrées chez les lévriers de **haute race** sont : le noir, le bleu-ardoise, le roux, le fauve uni, le fauve à rayures sombres, et le blanc. Le jaune, le gris et le brun sont plus rares.

Un lévrier de bonne race, âgé de deux ans, doit être capable de prendre seul un lièvre au mois de septembre, pourvu que l'animal n'ait pas levé à plus de 80 mètres du chien et soit éloigné de 1,200 à 1,500 mètres de tout bois ou couvert. A une époque plus avancée de la saison, il faut deux lévriers pour prendre le lièvre à coup sûr, et, en décembre, on en emploie souvent trois ou quatre. La gelée et la grande profondeur du terrain à la suite de pluies ou de dégel rendent la chasse au lévrier presque impossible.

LÉVRIER D'ÉCOSSE. Ce chien est un des plus beaux qui existent. Il forme la race la plus ancienne, la plus pure, la plus riche de toutes, mais il devient malheureusement rare, même en Angleterre, où on le recherche peu, parce qu'il n'est pas propre au coursing.

Le lévrier d'Écosse diffère peu quant aux formes du lévrier ordinaire, mais il est couvert de poils longs et rudes qui se hérissent autour des yeux et des mâchoires comme chez le terrier écossais ; son rein et ses cuisses ne sont pas aussi musculeux, quoique le squelette soit plus développé que celui de son congénère à poil ras.

Le lévrier d'Écosse a ordinairement une taille de 65 centimètres pour les mâles et de 55 à 60 pour les lices. On en rencontre de toutes couleurs, mais les plus communs sont le fauve, le roux et le gris ; beaucoup ont la robe rayée de roux et de noir ou de fauve et de gris.

LÉVRIER GREC. Ce chien est un peu plus petit de taille que le lévrier ordinaire ; ceux qui ne le connaissent point pourraient le prendre pour un produit croisé de lévrier à poil ras et de setter ; ses formes sont beaucoup moins élancées que celles du lévrier ; son poil est long, sans l'être autant que celui du lévrier d'Écosse, mais il est plus soyeux et n'a point la même tendance à se rebrousser. Les oreilles se rapprochent beaucoup pour la forme de celles du setter, mais elles sont un peu moins longues ; la queue est bien fournie et forme un beau panache.

LÉVRIER RUSSE. Cette race de chiens est fort difficile à trouver dans un état de pureté complète ; elle est fort différente des autres variétés de lévriers, dont elle se distingue par son aptitude à chasser sur piste, ce que le deerhound seul peut faire parmi les lévriers d'Occident. Le lévrier russe n'a pas le poil fin et court comme celui du lévrier ordinaire, ni long comme celui du lévrier d'Écosse; son pelage, presque toujours gris ou d'un brun sombre, est assez court, mais épais; la queue seule est garnie de poils soyeux. Ses oreilles ne sont pas repliées au milieu comme celles du lévrier ordinaire; elles se tiennent dressées, sauf l'extrême pointe qui retombe. Il est plus haut sur jambes, et ses membres ne sont point garnis de muscles aussi forts; aussi ne saurait-il lutter à la course avec le lévrier anglais. Grâce à son odorat, on l'emploie dans son pays d'origine à chasser en meutes le daim et le lièvre; on en use aussi pour la destruction des loups et des ours.

LICE. C'est le seul nom par lequel on puisse désigner proprement la femelle du chien courant. Le mot de chienne ne peut s'appliquer qu'aux autres espèces.

Lièvre.

LIÈVRE. *Hare.* Lepus timidus. Si cet animal, dont il se fait chaque année une énorme destruction, n'a pas disparu totalement, il le doit à sa prodigieuse fécondité. Avant d'avoir atteint un an, le lièvre est apte à reproduire son espèce; la femelle ne porte que 31 jours, donne ordinairement deux, souvent un ou trois, parfois quatre petits, et met bas quatre fois chaque année, de janvier à septembre.

Il résulte d'un examen attentif des formes du lièvre, que la nature en a voulu faire le type de la rapidité ; aucun autre animal de sa taille ne peut lutter avec lui sous le rapport de la vitesse, et bien que le lévrier ait été taillé pour une course rapide, il ne pourrait jamais l'emporter sur le lièvre si sa force et sa taille n'étaient beaucoup plus considérables.

La chasse et le tir du lièvre ne sont point difficiles ; ils ont l'avantage de pouvoir se faire en tout pays et en toutes saisons, car cet animal se trouve partout. Quand le temps est chaud, les lièvres recherchent les endroits un peu abrités, comme les champs de luzerne, de pommes de terre, de betteraves, etc. On a remarqué que les levrauts se blottissaient d'ordinaire au centre du champ, tandis que les vieux capucins préféraient se giter sur les bords ou au coin des pièces. Tant qu'il n'a pas été chaudement poursuivi, le lièvre ne quitte point le canton qu'il s'est choisi ; il est toujours dans un rayon de deux ou trois cents mètres de l'endroit où on l'a fait lever la veille.

Quand il fait froid, surtout si le vent est âpre et souffle du nord ou de l'est, on ne trouvera de lièvre que dans les endroits abrités contre le vent ; s'il fait humide, on n'a aucune chance à le rencontrer là où la pluie ou la rosée pourraient l'atteindre. Dans ce dernier cas, il faut le chercher dans les labourés, les chaumes, etc.

Si l'on aperçoit un lièvre au gite à une certaine distance, soit qu'on l'ait vu se remettre, soit que les traces de ses pas sur la neige le trahissent, ou que, par un temps froid, on aperçoive la vapeur qui se dégage de son corps, il ne faut point s'en approcher à petits pas et en silence, mais au contraire faire le plus de bruit qu'on peut. Le lièvre a l'ouïe assez fine pour être à même, s'il lui plaît, de partir toujours hors de portée, mais le bruit lui cause tant de terreur qu'il n'ose se montrer et que souvent il ne part que si le pied du chasseur le force à déloger de sa retraite.

Le tir du lièvre n'offre pas de difficultés ; si l'animal file droit devant le chasseur, il faut le viser à la nuque ; quelques plombs dans la tête, le cou ou les reins le feront tomber à coup sûr, tandis que dans la partie postérieure du corps cinq coups sur six resteront sans effet, à moins que les pattes ne soient brisées. Le lièvre qui se présente en travers doit être visé à l'épaule ; si la distance n'est pas trop forte et que l'animal ait été tiré juste, il doit infailliblement faire le manchon. Si un lièvre vient droit sur le chasseur, celui-ci ne doit point tirer de face ; le crâne de l'animal est dur et pourrait lui servir de bouclier ; dans ce cas, il faut laisser le lièvre avancer jusqu'à ce qu'il vous ait aperçu ; il fera aussitôt un crochet et on saisira le moment où l'animal se présente en travers.

Il ne faut point attendre pour tirer le lièvre comme on le fait pour les perdreaux quand on les trouve trop rapprochés. Si le lièvre est très-près, on vise la tête.

Le meilleur plomb pour le lièvre à l'ouverture, c'est le nº 5 ; en hiver, on emploie le 4 avec plus d'avantage. Tous les chiens sont indifféremment employés pour cette chasse ; cependant, les setters valent généralement mieux que les pointers.

A l'heure où le lièvre sort du bois pour aller chercher sa nourriture, on va parfois l'attendre dans un endroit bien couvert. C'est ce qu'on appelle affuter. Quand un lièvre passe en courant, si le chasseur est bien caché, il lui suffira de donner un petit coup de sifflet pour faire arrêter l'animal qui s'assied durant deux ou trois secondes et regarde autour de lui. Il est facile de l'abattre avant qu'il ait repris sa course.

La chasse du lièvre à courre est l'une des plus intéressantes que l'on connaisse, et aussi féconde en incidents que celle du cerf. Le lièvre ne s'en rapporte point à sa rapidité pour échapper aux chiens ; il ménage au contraire ses forces et a recours à toutes sortes de ruses pour dépister la meute qui le poursuit. Il croise sa piste de cent manières, trace mille zigzags et tout à coup se flâtre pour laisser passer la meute au-dessus de lui ; d'autres fois, il parcourt les routes et les chemins battus sur lesquels il ne laisse qu'une piste presque nulle, ou, s'il en trouve occasion, il se précipite au milieu d'un troupeau de moutons ; enfin, on en a vu se réfugier dans un terrier de lapin ou de renard.

Le lièvre ne doit point être donné à vue aux chiens ; on les découple à quelques centaines de mètres de l'endroit où la chasse est supposée devoir commencer. Les défauts sont à redouter, surtout dans la plus grande chaleur du jour ; pour les relever, on commence par explorer les endroits où la piste se refroidira le plus rapidement, soit en avant, soit en arrière de l'endroit où le défaut a eu lieu. Il est très-rare qu'un lièvre soit pris sans avoir réussi à mettre au moins une fois les chiens en défaut ; mais c'est quand l'animal est sur ses fins qu'ils sont le plus à redouter : le lièvre exténué ne laisse pour ainsi dire plus d'odeur, et s'il rencontre en ce moment quelque endroit favorable, il s'y laissera tomber sur le ventre et n'en bougera plus jusqu'à ce qu'un chien l'ait gueulé ou qu'un chasseur l'ait pris par les oreilles.

LIÈVRE BLANC. *White Hare.* Cette variété du lièvre ne se rencontre en général que sous les latitudes élevées ; on la trouve parfois dans les Highlands d'Écosse.

Les mœurs de cet animal ne diffèrent de celles du lièvre commun qu'en un seul point : c'est l'habitude qu'il a de vivre sous terre ; il ne se creuse pas précisément un terrier comme le renard ou le lapin, mais il choisit pour y élire domicile les crevasses des montagnes ou les fentes des rochers.

LIMES. Ce sont deux longues dents que l'on désigne aussi sous le nom de grais et qui sont placées à la mâchoire supérieure des sangliers, vis-à-vis des défenses. Les limes ne servent guère qu'à aiguiser ces dernières.

LIMIER. Le limier est le chien de chasse par excellence ; c'est probablement la souche de la plupart des races, et il est incontestable qu'il est de la plus grande ancienneté.

Le limier a une taille de 60 à 65 centimètres ; son front est haut ; ses oreilles mesurent parfois jusqu'à 25 centimètres ; ses lèvres sont bien pendantes ; la peau de la gorge est tombante, la poitrine profonde, les côtes arrondies, les reins larges. Son odorat est extrêmement délicat, sa force considérable et son courage sans limite.

C'est du limier que le piqueur se fait accompagner pour faire la quête, afin de juger le cerf et de le détourner.

On compte un grand nombre

Limier.

d'espèces de limiers, dont les plus remarquables sont : le grand chien du Sud, l'espèce la plus ancienne qui existe, puis le bloodhound et le sleuthhound, deux races anglaises du plus grand mérite. Quant à l'emploi du limier, voyez l'article Cerf.

LINOT. *Linnet.* Fringilla Canabina.

Cet oiseau est l'un des plus importants de la chasse aux filets. Il commence son passage plus tard que les pinsons et les verdiers ; ce n'est guère que du 5 au 10 octobre qu'il fait son apparition. Il passe en bandes très-nombreuses et il faut d'ex-cellents appeaux pour les déter-miner à tomber dans le filet, mais, si l'on y réussit une fois, on s'assure en un coup une journée magnifique. On emploie ordinairement trois ou quatre appeaux vivants de linots ; il faut en mettre deux au moins au milieu du filet. Si l'on n'en possédait qu'un seul, c'est en-core là qu'il faudrait le placer.

Pour réussir complétement eu égard aux linots, il faut que le filet soit tendu sur un plateau élevé et très-éloigné de toute espèce d'arbres ou de buissons. Une ramée dans l'intérieur du filet sera fort utile. Le linot chantant toute l'année, sauf le temps de la mue, il n'est pas absolument indispensable de mettre les appeaux en mue forcée ; cependant, cela ne gâte rien , car les oiseaux qui viennent de muer sont toujours plus ardents.

Quelques personnes croient à l'existence de deux variétés de linots, l'une qui a la gorge et la tête rouges, et la seconde toute grise. Ce n'est qu'un seul et même oiseau ; le plumage rouge est celui du printemps, et le plumage gris celui de l'hiver. Le linot qui a été soumis à la mue forcée porte au mois d'octobre sa livrée du printemps.

LINOT DES MONTAGNES. Cette variété est vulgairement appelée du nom de sizerin-linot. C'est en effet une sorte de moyen terme entre ces deux oiseaux, peut-être même est-ce un mulet.

Le linot des montagnes, sauf la taille qui est un peu moindre et la couleur du bec qui est jaunâtre , est identiquement semblable au linot. Il n'est pas rare précisément ; cependant, peu de chasseurs en ont pris plus de deux couples dans la même journée. On parvient à imiter plus ou moins bien son cri au moyen du sifflet *B* (voyez *Appeaux*), mais le plus souvent il répond à l'appel du linot.

LION. *Lion.* FELIS LEO.

On connaît deux espèces de lions : le lion d'Afrique et le lion d'Asie ; les autres parties du monde ne le possèdent point. Le nom de roi des animaux ne lui a point été donné à la légère ; c'est certainement l'individu le plus remarquable de la race féline, la plus noble parmi les quadrupèdes , et celle qui est douée du cerveau le plus développé. Sous le rapport de la force et de l'agilité , le lion est sans rival ; il peut franchir un mur de 8 à 10 pieds en portant un taureau sur le dos.

Le célèbre chasseur Jules Gérard, dans son remarquable ouvrage sur le lion , a donné les principes de la chasse du plus redoutable des carnassiers. Pour tuer le lion , il faut aller l'attendre de nuit avec un appât vivant ou près du corps de la dernière bête qu'il a égorgée. Il faut tirer à très-courte distance, en employant les balles explosibles inventées dans ces dernières années, de façon à tuer la bête sur le coup. Pour éviter autant que possible le danger considérable qu'aura pour le chasseur l'agonie du lion, on se placera sur une éminence, de façon à se trouver au-dessus de son ennemi. On peut aussi construire des abris mobiles ou autres, de nature à résister à la griffe puissante du lion ; celui-ci ne montre jamais de crainte, c'est le seul animal de la création que l'on n'ait jamais vu fuir, et il est même rare qu'il fasse preuve de défiance ; cependant, on a remarqué parfois qu'il se détournait de sa route pour ne point passer au pied de certains arbres du haut desquels on lui avait déjà tiré des coups de fusil. Ces tentatives, du reste, sont presque puériles, car le lion ne peut guère être blessé à mort que par un coup tiré à bout portant.

LION D'AMÉRIQUE. *Cougar.* **Felis Concolor.**

Cet animal, qui n'existe qu'en Amérique, porte aussi les noms de Couguar et de Puma ; il n'a d'autre titre à la dénomination de lion que sa couleur fauve assez semblable à celle du lion d'Afrique, quoique tirant plus sur le rouge ; quant au reste, il ressemble infiniment plus à la panthère et au jaguar.

Le puma est le seul des grands chats qui soit peu gracieux dans sa forme ou dans ses allures. Il a rarement plus de 6 pieds de long, y compris la queue qui a environ 2 pieds.

Le puma grimpe admirablement aux arbres, non pas en embrassant le tronc comme l'ours, mais, comme le chat, en s'accrochant à l'aide de ses griffes.

Les Américains chassent le couguar à tir ; ce n'est point un animal redoutable et il fuit souvent devant l'homme. Sa fourrure est assez recherchée.

LITEAU. C'est le terme par lequel les chasseurs désignent l'endroit dans lequel le loup a élu domicile.

LITORNE. *Fieldfare.* **Turdus Pilaris.**

Cet oiseau appartient à l'ordre des passereaux, famille des Mérulés, genre Grive.

Cette variété forme, pour la taille, une moyenne entre la grive ordinaire et le mauvis ; elle porte aussi les noms de calandrote et de tourdelle. Elle arrive dans nos climats un peu plus tard que la grive commune et par bandes moins nombreuses. Aussi longtemps qu'elle peut trouver des baies de génévrier, elle s'en nourrit presque exclusivement ; mais quand cette nourriture vient à lui manquer, elle se rabat sur les prairies marécageuses pour y chercher des vers.

Dans les endroits où le génévrier abonde, la litorne jouit
d'une grande préférence sur
toutes les autres variétés de
grives ; on la reconnaît à ses
pattes noires. Elle se chasse
comme toutes les autres grives,
à l'aide de lacets, en plaçant
comme appât des baies de sorbier. On remarque qu'elle est
plus fine et plus défiante que
la plupart de ses congénères ; il
est plus rare qu'on l'approche
à portée de fusil.

LIVRÉE. Pelage tacheté ou
rayé que les petits de beaucoup
d'espèces de gibier portent durant un certain temps après leur
naissance. Ainsi, les faons du
cerf et du chevreuil sont marqués de taches blanches pendant six mois, et pendant le
même temps les marcassins sont
couverts de raies jaunâtres. On
dit alors qu'ils portent la livrée.

LORIOT. *Loriot.* Turdus
Oriolus.

Ce bel oiseau, d'un jaune
éclatant avec de grandes marques noires, n'est pas facile à
prendre, car il est sauvage et
défiant. Pour s'en emparer vivant, il n'y a d'autres moyens
que les piéges qui ne réussis-
sent pas souvent. Le meilleur
appât pour l'attirer, ce sont les
cerises dont il raffole.

Pour tirer le loriot, il est
presque indispensable de l'attendre caché dans un endroit
qu'il a l'habitude de fréquenter,
car il arriverait bien rarement
que l'on pût l'approcher à portée de fusil.

LOUP. *Wolf.* Canis Lupus.
« Le loup, dit Buffon, est na-
» turellement grossier et pol-
» tron ; il ne devient ingénieux
» que par le besoin et hardi
» que par la nécessité. » L'expérience et l'étude attentive des
mœurs de cet animal ont complétement infirmé ce jugement
basé sur une observation super-
ficielle. Le loup, disent les chasseurs qui lui ont longtemps fait
la guerre, est très-fin et très-
prudent. Il se joue des piéges
dont sa sagacité le préserve ; il
évite toute lutte inutile, mais si
sa conservation ou celle de sa
famille rendent le combat indispensable, il fait preuve du
plus grand courage.

L'habitude qu'ont les loups
de se réunir en société alors
que l'union peut leur être utile
est connue de tout le monde ;
ces animaux ont deviné l'art de
la petite et de la grande vénerie : ils chassent avec ou sans

relais, selon les circonstances. Le lièvre, le chevreuil, le cerf et même le sanglier tant qu'il n'est encore que bête de compagnie sont les proies ordinaires que procure aux bandes de loups leur chasse en commun. Les solitaires et les vieux sangliers ne sont attaqués qu'exceptionnellement et quand les loups sont pressés par la faim.

On chasse parfois le loup à courre, mais il n'est pas facile de trouver des chiens qui se lancent avec ardeur sur sa piste : la consanguinité des deux races explique ce fait, d'autant plus que l'on considère comme acquis de nos jours le fait de l'accouplement du chien et de la louve ou du loup et de la chienne, même en liberté.

La vigueur du loup est rendue évidente lorsqu'il est chassé, car c'est assurément de tous les animaux le plus difficile à forcer, surtout lorsqu'il a atteint l'âge de trois ou quatre ans. Son fonds est alors prodigieux, presque inépuisable. Il commence par percer en avant, fait une pointe de trois ou quatre lieues, et si, à ce moment, il trouve de l'eau, il redevient aussi frais qu'au départ et reprend sa course de façon à se tirer d'affaire le plus souvent.

Au contraire, les jeunes loups qui n'ont pas atteint un an sont faciles à forcer ; ils se font battre comme des lapins dans le canton où ils ont été élevés et sont invariablement pris par les chiens, n'ayant ni l'art de ruser, ni la ressource de se terrer.

Si le vieux loup est difficile à forcer, on a l'avantage de pouvoir facilement le tirer devant les chiens, car il ne cherche pas à gagner du terrain, et les tireurs, guidés par la voix des chiens, ont grande facilité à se mettre sur le passage du gibier.

Une autre manière de chasser le loup qui est peu usitée, consiste à lancer à sa poursuite des chiens à la fois très-forts et très-vites, tels que les mâtins croisés de lévriers ; ces chiens l'atteignent bientôt, car il n'a pas grande vitesse, et engagent un combat pendant lequel les chasseurs ont le temps d'arriver.

LOUP CERVIER. Voy. *Lynx.*

LOUP DES PRAIRIES. *Prairie Wolf.* Lupus Latrans.

Cet animal habite les vastes territoires vulgairement désignés sous le nom de « la Prairie » et qui s'étendent des bords du Mississipi à l'océan Pacifique.

Le loup des prairies est d'une taille qui forme la moyenne entre celle du loup ordinaire et celle du renard. Il a plus de ressemblance avec le chacal qu'avec tout autre animal. Sa couleur est grisâtre.

Sous le rapport de la sagacité, aucun animal ne l'emporte sur celui dont nous nous occupons. Il n'est réellement pas possible de le prendre au piége. On en a vu creuser la terre autour d'un assommoir et s'emparer de l'appât sans aucun risque.

Bien qu'une bande plus ou moins forte de loups des prairies ne manque jamais de suivre à distance les caravanes de voyageurs ou de chasseurs qui traversent la prairie, ils ne sont pas faciles à abattre, car ils ont soin de se tenir hors de portée de carabine.

Loutre.

LOUTRE. *Otter.* Cet animal, qui ne se nourrit guère que de poisson, habite le bord des rivières et des étangs. Il se construit une demeure grossière, à laquelle on donne le nom de catiche, sous la racine d'un saule ou dans le creux d'un rocher. Il ne va jamais à la mer, mais remonte ou descend les rivières et peut nager entre deux eaux sur un espace considérable.

Quand elle est attaquée, la loutre se défend courageusement et elle fait aux chiens de cruelles morsures. Pour chasser régulièrement cet animal, il faut posséder une meute de chiens spécialement destinés à ce genre de sport et connus sous le nom de chiens de loutre (en anglais otterhounds). Cette chasse se fait surtout en été sur les cours d'eau les plus poissonneux. Une fois sur la piste d'une loutre, les chiens se jettent à l'eau et ont bientôt trouvé la catiche de l'animal. Celui-ci se fait souvent beaucoup presser avant de quitter sa retraite, puis il s'élance suivi par la meute qui donne de la voix. S'il n'advient point de défaut, la chasse n'est point longue, mais il faut beaucoup d'habileté et de prestesse pour les relever quand il s'en présente.

LOUVART. Nom que donnent les chasseurs au loup qui n'est plus assez jeune pour porter la dénomination de louveteau. Le louvart a d'un à deux ans. Passé deux ans, il devient loup.

LOUVETEAU. C'est le petit de la louve. Il porte ce nom jusqu'à l'âge d'un an, après quoi il devient louvart.

LOUVETERIE. Le mot de louveterie désigne à la fois le matériel et le personnel de la chasse au loup. C'est, pour cet animal, ce que le mot de vautrait est pour le sanglier.

LYNX. *Lynx.* Cet animal, qu'on appelle aussi loup-cervier, est de la taille du renard. Il est tacheté comme la panthère, mais les macules sont beaucoup moins belles. Il a les yeux brillants, le regard doux et l'air gai. Un signe caractéristique qu'il possède, est un petit panache qui surmonte ses oreilles. Il grimpe parfaitement aux arbres et reste souvent accroupi sur une grosse branche d'où il se précipite sur la première proie qui vient à passer.

Cet animal se trouve dans toutes les contrées septentrionales du monde. Il est difficile à prendre, car il est défiant et sa vue est aussi bonne que son odorat est fin.

MACREUSE. *Black duck.*
Anas nigra.

Beaucoup d'écrivains, et notamment Lavallée, considèrent la foulque et la macreuse comme un seul et même oiseau. Cette erreur est d'autant plus difficile à expliquer, que ces deux oiseaux ne sont pas du même ordre ; la foulque est un pinnatipède, tandis que la macreuse appartient à la famille des canards, ordre des palmipèdes.

La macreuse est rare et l'on ne la rencontre guère en nos contrées que dans les hivers les plus rigoureux. Parmi les oiseaux aquatiques, il n'en est

18.

pas un qui soit plus difficile à abattre ; le cygne sauvage lui-même tombe plus facilement sous le plomb. Mortellement atteintes, les macreuses nagent et plongent comme si le plomb ne les avait point touchées, et on en a vu fuir à quelque distance, bien qu'elles eussent reçu des plombs dans la tête. Leur chasse exige donc l'emploi d'un plomb de dimension exceptionnelle et d'un fusil à longue portée, car leur force de résistance, jointe à leur sagacité, rendraient l'usage du fusil de chasse ordinaire sans aucun effet.

MACREUSE (GRANDE). *Velvet Duck.* ANAS FUSCA.

Cet oiseau appartient à la famille des canards comme la macreuse ordinaire à laquelle il ressemble beaucoup et dont il partage le plumage noir. Il est toujours rare, mais, presque seul dans la vaste famille à laquelle il appartient, il se rencontre dans nos climats aussi fréquemment l'été que l'hiver.

MACROULE. *Great Coot.* FULICA ATERRIMA.

Cet oiseau appartient à l'ordre des pinnatipèdes, famille des fulicées.

La macroule, d'une taille supérieure à celle de la foulque, lui ressemble sous tous les autres rapports : plumage, forme, mœurs. Comme la foulque, elle est très-craintive et très-vigilante, et les chasseurs sont d'accord pour affirmer que peu d'oiseaux ont la vie aussi dure. Les macroules vivent en bandes moins nombreuses que les foulques.

La macroule porte aussi le nom de morelle.

MAIEN. Terme de chasse aux filets. On donne le nom de maïens aux oiseaux qui ont été pris à l'époque du repassage, quand les oiseaux remontent du sud-ouest au nord-est pour aller nicher dans les contrées du Nord.

Les oiseaux maïens, médiocres comme appeaux, font d'excellents mouvants pour le passage d'automne.

MAILLE. On appelle mailles les espaces vides entre les fils qui forment les nappes du filet. Les mailles ne doivent pas être assez grandes pour laisser passer l'oiseau, mais elles ne doivent pas non plus être trop petites. Dans ce dernier cas, l'oiseau courrait sous le filet et il lui arriverait souvent de trouver un trou ou d'arriver à l'extrémité de la nappe avant que le chasseur ait pu s'en saisir, tandis que quand les mailles sont de dimension suffisante, l'oiseau passe la tête par la première qu'il rencontre et reste aussitôt entortillé dans les fils.

MAILLÉ. Les jeunes oiseaux, avant qu'ils aient fait leur première mue, ont un plumage terne ; ainsi, au mois de juillet, les jeunes pinsons mâles pourraient être pris pour des femelles, et il en est de même des bruants, des linots, des verdiers, etc. Mais quand ils ont mué, les jeunes oiseaux prennent leurs couleurs vives et on dit alors qu'ils sont maillés. Les perdreaux de la première couvée deviennent maillés vers le 15 août ; avant cette époque, ils n'ont point de taches marron ; ils sont tout gris et on leur donne le nom de pouilleux. On considère comme indigne d'un vrai sportsman l'acte de tuer un pouilleux.

MAITRE. Ficelle qui sert à fermer les bourses dont on fait usage dans la chasse du lapin au furêt.

MAITRE-ANDOUILLER. C'est le nom que donnent les veneurs au premier andouiller qui est planté tout à fait à la base du merrain. Le maître andouiller est projeté en avant, plus encore que les cornes du taureau ; c'est la seule partie de son bois dont le cerf puisse faire usage pour frapper, mais aussi les blessures qu'il cause sont presque toujours mortelles.

MAL MENÉ. Terme de chasse à courre. Un animal est mal mené quand ses forces s'épuisent, qu'il est sur ses fins.

MAL SEMÉ. Le bois du cerf, du chevreuil ou du daim est mal semé quand on compte plus d'andouillers sur une perche que sur l'autre. On dit dans le même sens que l'animal est faux-marqué.

MANCHON. Terme de chasse à tir. On dit que le lièvre fait le manchon quand, atteint d'un coup mortel, il fait deux ou trois tours sur lui-même, lancé par la force acquise. On dit dans le même sens : faire le bouchon.

MANGEURES. C'est le nom qu'on donne à l'acte de se nourrir appliqué au sanglier et parfois au loup. Le mot de viandis ne s'emploie que pour les bêtes fauves : cerfs, daims et chevreuils.

MARAIS. V. l'article Chasse au chien d'arrêt.

Marcassin.

MARCASSIN. C'est le nom que portent les jeunes sangliers depuis le moment de leur naissance jusqu'à l'âge de six mois, époque à laquelle ils perdent la livrée et deviennent bêtes rousses.

MARCHER. C'est le nom que donnent les chasseurs au pied de la loutre.

MAROUETTE. *Spotted Water Rail.*

Cet oiseau appartient à l'ordre des échassiers, famille des gallinulées, genre râle ; la marouette, qu'on appelle aussi petit râle d'eau, n'est guère plus grosse qu'une alouette ; elle ressemble beaucoup au râle d'eau, tant pour les formes que pour le plumage et pour les mœurs. Comme son congénère, elle est très-difficile à faire lever, mais facile à tirer, car son vol est droit, lent et lourd ; en volant, elle laisse pendre les pattes de toute leur longueur. Son plumage, d'un vert sombre, est émaillé de points blancs auxquels il doit son nom anglais.

Cet oiseau doit être pressé très-vivement et un excellent chien est nécessaire pour sa chasse ; si le sportsman le voit dans une haie, il doit marcher en avant du chien et secouer vivement les branches. Si l'oiseau part, il faut tirer, si désavantageux que paraisse le coup, car la difficulté de faire lever la marouette une seconde fois est dix fois plus grande encore.

MARQUER. Terme de chasse au filet. Quand on essaie des oiseaux parmi lesquels on veut choisir des appeaux vivants, on commence par exclure tous ceux qui ne marquent point, c'est-à-dire qui laissent passer des oiseaux de leur espèce audessus d'eux sans paraître s'en inquiéter et sans pousser un appel plus ou moins accentué.

MARQUER. Terme de chasse à tir. Un chien marque, quand, sans faire un arrêt caractérisé, il fait comprendre au chasseur qu'il a le sentiment d'un gibier. Si un chien marque fréquemment, tout en avançant, il est probable qu'il est sur la piste d'un gibier qui cherche à se dérober.

MARTEAU. C'est la pièce mobile du fusil qui, lorsqu'on lâche la détente, va frapper la cheminée et écrase la capsule avec toute la force que lui imprime le grand ressort. Le marteau doit être bien évidé, de crainte que des éclats de capsule ne s'en échappent. Pour éviter les accidents, quelques chasseurs se servent de marteaux dont le fond est formé par une vis; en reculant celle-ci d'un ou deux tours, le fusil ne peut plus partir, car le contact n'existe plus entre le marteau et la capsule.

MARTELÉES. Terme de chasse à courre. On dit que les fumées du cerf sont martelées quand elles ne sont point aiguillonnées.

MARTIN-PÊCHEUR. Voyez *Alcyon.*

MARTRE. *Martin.* Cet animal appartient à la catégorie des bêtes puantes comme la fouine à laquelle il ressemble beaucoup. Parmi les mustéliens de nos contrées, c'est le seul dont la fourrure ait de la valeur et qu'on puisse chasser dans un but autre que celui de diminuer une espèce redoutable aux gibiers de tous les genres. La martre a une longueur totale de 40 centimètres environ, dans laquelle la queue compte pour 15 centimètres. Ses pieds sont courts, son nez pointu, ses yeux vifs et brillants ; son pelage est de couleur chocolat.

Comme celle de tous les animaux de la même catégorie, la voie de la martre a beaucoup de sentiment et les chiens la suivent volontiers. Quand elle a été lancée par un ou deux bons petits chiens, elle fournit une course de dix minutes et, dès qu'elle sent ses forces lui manquer, elle se réfugie sur un arbre sur lequel le chasseur peut facilement l'atteindre d'un coup de fusil.

MASSACRE. C'est le seul terme propre dont on puisse

désigner la face et le crâne du cerf, du daim ou du chevreuil, puisque le mot de tête ne s'applique qu'au bois.

Il arrive parfois cependant que par extension on désigne sous le nom de massacre le crâne et le bois réunis.

MATIN FRANÇAIS. Ce chien que certains auteurs regardent comme la souche d'une foule d'espèces de chiens de chasse, tandis que d'autres le prétendent issu du lévrier, est employé à la chasse du loup et du sanglier. Il a la tête allongée et le front plat ; ses oreilles sont droites, sauf les pointes qui retombent ; il a en moyenne 60 centimètres de taille et ses couleurs ordinaires varient du roux au fauve. Son système musculaire est d'une vigueur remarquable et son courage est à toute épreuve.

MATINÉ. On donne ce nom aux chiens qui ne sont point de race pure de chasse, mais dans le sang desquels se rencontre un mélange avec une espèce qui n'est propre qu'à la garde ou à la conduite des troupeaux. On ne peut dire qu'un chien soit mâtiné parce qu'il est le produit croisé de deux races de chiens de chasse, quelque distantes qu'elles soient.

MAUBÈCHE. Cet oiseau est plus connu sous le nom de canut (voir ce mot). — On donne parfois le nom de Maubèche tachetée à une petite variété du bécasseau ou cul-blanc (voy. *Bécasseau*).

MAUVAIS REVOIR. Terme de chasse à courre. Il y a mauvais revoir quand le terrain trop sec ou détrempé ne garde pas nettement l'empreinte du pied des animaux.

MAUVIS. *Redwing.* TURDUS ILIACUS.

Cet oiseau appartient à l'ordre des passereaux, famille des mérulés, genre grive.

Il est un peu plus petit que la litorne et, quoique un peu moins méfiant que cette dernière, il a avec elle beaucoup de rapport quant aux mœurs. On rencontre souvent le mauvis dans les vignes ; quant à la manière de le chasser, il n'y en a qu'une qui soit fort usitée pour lui et tous ses congénères, c'est le lacet.

En beaucoup d'endroits l'arrivée des mauvis est considérée comme présageant pour les jours suivants celle des premières bécasses.

MÉJUGER. Terme de chasse à courre. Le cerf se méjuge quand il place le pied postérieur en avant de la trace du pied antérieur. Voyez *Allures*.

Dans un autre sens, on dit que le veneur se méjuge quand, en jugeant l'animal, il a fait quelque erreur.

MÈRE. C'est le nom que l'on donne au carrefour central des terriers de lapins où aboutissent d'une part les avenues qui mènent aux diverses gueules et d'autre part la fusée qui conduit à l'accul. La mère est ordinairement de forme ovale ; elle a une dimension d'un peu moins d'un mètre carré ; sa voûte a une élévation de 50 à 60 centimètres.

MERLE. *Blackbird.* Turdus. Le merle est de la taille de la grive et sa couleur est absolument noire quand il est adulte, mais les jeunes ont le plumage tacheté, tout semblable à celui de la grive, sauf le fond qui est plus sombre.

On a fait au merle une réputation de finesse qui pour être passée en proverbe n'en est pas plus fondée. Le merle ne se chasse guère ; on en prend souvent parmi les grives dans les tenderies de lacets, parfois aussi on les tire au fusil, bien que leur chair n'ait rien de la succulence de la grive, leur congénère.

MERRAIN. Le merrain est la tige principale du bois du cerf, du daim ou du chevreuil, dans laquelle sont plantés les andouillers. Le merrain, que l'on appelle aussi perche, commence immédiatement au-dessus des meules. On remarque que le merrain est plus ou moins fort, selon que l'animal a été bien ou mal nourri.

MÉRULÉS. Les mérulés forment une famille de l'ordre des passereaux. Cette famille comprend cinq genres d'Europe : 1º les merles qui se subdivisent en merles proprement dits, turgoïdes et grives ; 2º les cincles ; 3º les martins ; 4º les fourmiliers ; 5º les loriots.

MÉSANGE. *Tomtit.* Parus. Les mésanges forment une famille à part de l'ordre des passereaux, celle des parusés, qui compte trente espèces différentes.

Les mésanges sont excessivement peu défiantes ; c'est à leurs dépens que les écoliers brûlent leur première poudre, car elles se laissent approcher souvent à deux ou trois mètres.

On chasse rarement les mésanges aux filets ; il faudrait les tendre dans un champ adossé à un bois où l'on ne prendrait guère d'autres oiseaux, mais la chasse ordinaire, en ce qui concerne cette tribu, est la chasse aux gluaux. De tous les petits oiseaux qui habitent les bois, la mésange est celle que sa hardiesse naturelle et sa vivacité rendent le plus agressifs à l'égard de la chouette, aussi se prend-elle en grand nombre sur les gluaux. On prend aussi fréquemment la mésange au moyen de piéges ; on dirait que tous les moyens sont bons pour s'emparer d'elle, car elle est d'une confiance sans limites. Avec un appeau vivant de son espèce, on la fera venir où l'on voudra, jusque sur la cage même où est renfermée la prisonnière. Les piéges les plus en usage pour cet oiseau sont la mésangette, qui a pris son nom, puis le trébuchet-cage (voir ces mots).

En captivité, il faut nourrir toutes les mésanges au moyen d'une pâte faite à l'aide de mie de pain humide et de graine de chanvre soigneusement pilée. Bien que ces oiseaux affectionnent le chênevis, ils ne pourraient s'en nourrir dans l'état normal, car leur bec n'est pas assez fort pour en briser l'enveloppe.

MÉSANGE A LONGUE QUEUE. Sans être rare, ce délicieux petit oiseau ne se rencontre pas fréquemment. Son corps est aussi petit que celui du troglodyte, mais sa queue est aussi longue que celle de la lavandière. Son plumage est très-joliment varié de blanc, de noir et d'une sorte de marron clair tirant sur le rouge. Le cri de la mésange à longue queue, qui consiste en un sifflement unique un peu allongé et très-aigu, peut être assez facilement imité. Cet oiseau est très-facile à prendre sur les gluaux.

MÉSANGE BLEUE. Cette variété de la mésange est la plus répandue ; c'est un charmant petit oiseau sur le plumage duquel la couleur bleue domine tellement, que dans tous les pays et dans toutes les langues il porte le même nom. La mésange bleue commence son passage en même temps que les premiers pinsons, mais elle s'attarde dans les vergers, dans les jardins, partout où elle trouve à pâturer. Ce ne sont que les fortes gelées qui la chassent définitivement. On la rencontre presque toujours réunie en petites bandes de trois à cinq; elle est beaucoup plus familière encore que la mésange charbonnière, et une personne un peu adroite pourrait quelquefois s'en emparer dans un filet à papillons.

Le cri de la mésange bleue est très-facile à imiter; c'est un sifflement allongé suivi d'une note plus basse vivement répétée 6 ou 7 fois.

La taille de la mésange bleue est notablement inférieure à celle de la mésange charbonnière; comme le sizerin, le roitelet, le troglodyte, la mésange à longue queue et quelques autres, cet oiseau peut passer entre les barreaux d'une cage ordinaire.

MÉSANGE CHARBONNIÈRE. C'est la plus grande variété de mésanges; elle est de la taille d'un linot. Son plumage est varié de vert sombre, de blanc sale et de noir. Son cri, très-désagréable, est impossible à imiter, mais elle répond fort bien à l'appel de la mésange bleue qui est très-facile à produire au moyen de l'appeau à béguinettes. La mésange charbonnière est souvent isolée, tandis que la mésange bleue n'est jamais seule.

MÉSANGE NONNETTE. Cette variété, qui porte aussi le nom de mésange grise, est un peu plus forte que la mésange bleue; tout son corps est d'une couleur gris-brun uniforme et sa tête est d'un beau noir. Elle est beaucoup plus rare que la mésange charbonnière et que la mésange bleue et se prend de la même manière.

MÉSANGETTE. C'est un piége en forme de boite dont le couvercle est tenu levé au moyen d'un *quatre de chiffre* (voyez ce mot). L'oiseau qui s'y introduit fait tomber le couvercle en se plaçant sur le perchoir et reste enfermé. Quoique la mésange ait donné son nom à ce genre de piéges, il peut servir à prendre toutes espèces d'oiseaux.

MÉTIS. On donne le nom de métis au produit de deux animaux de races différentes bien que de même espèce. Ainsi, le produit du cheval de pur sang et du cheval de labour, celui du pointer et du setter, de l'homme blanc et de la négresse, sont autant de métis. Le mulet, au contraire, est le résultat du croisement de deux espèces différentes quoique de même genre ; le métis a une fécondité constante, le mulet est infécond ou n'a qu'une fécondité bornée.

MEULE. On donne ce nom à la partie arrondie et saillante du bois du cerf placée immédiatement au-dessus des pivots et en dessous du maître andouiller.

MEUTE. Une meute pour être digne de ce nom doit être composée d'au moins deux hardes et compter douze chiens au minimum. Une belle meute ne sera pas formée de moins de trente chiens.

La meute se compose de trois catégories de chiens : les chiens de meute proprement dits qui forment les relais, les chiens de rapproche qui lancent le gibier et les limiers. Il n'existe qu'une seule classe de chiens dans les meutes destinées à la billebaude du lièvre ou du renard.

Tous les chiens qui composent une meute doivent être de la même taille et de la même vitesse, de manière à former en chassant une masse compacte et à ne point laisser de traînards en arrière.

MEUTE-A-MORT. Terme de chasse à courre. Une bête est prise de meute-à-mort quand elle a été forcée sans emploi de relai.

MIGRATION. Un grand nombre d'oiseaux émigrent annuellement à l'approche de l'hiver pour chercher des climats plus doux que ceux sous lesquels ils vivent durant la bonne saison. Ce sont d'abord toutes les familles appartenant à l'ordre des passereaux ; quelques grimpeurs et quelques gallinacés, notamment les cailles ; presque tous les échassiers, notamment les familles des grues, hérons, bécasses, pluviers et vanneaux, et enfin certains palmipèdes, parmi lesquels toute la famille des canards.

Tous les oiseaux de passage se chassent à l'époque de leur migration annuelle et de préférence quand ils voyagent, en automne, du Nord au Midi.

Il ne faut pas confondre avec

la migration proprement dite, les voyages qu'effectuent certaines variétés à des époques moins déterminées et pour des motifs de divers genres. Ainsi, malgré son nom latin, le pigeon d'Amérique *(Columba migrato-* *ria)* n'accomplit point de migration, mais le chiffre immense de ses bandes l'oblige à changer de canton à mesure que la nourriture vient à lui manquer dans les endroits qu'il habitait.

Milan.

MILAN. *Kite.* Falco Milvus. Le milan est un des oiseaux de proie dont le vol est le plus remarquable ; il a été admirablement décrit par Buffon : « Il » s'élève sans effort, dit cet » écrivain, il s'abaisse comme » s'il glissait sur un plan incliné ; il précipite sa course, » il la ralentit, s'arrête et reste » comme suspendu ou fixé à » la même place pendant des » heures entières sans qu'on » puisse s'apercevoir d'aucun » mouvement dans ses ailes. » La femelle est plus grande que le mâle ; elle pèse ordinairement un kilogramme et demi et mesure l'envergure relativement énorme de cinq pieds.

Malgré ces qualités, l'emploi du milan n'a jamais donné de bons résultats au point de vue de la fauconnerie.

C'est à l'époque de la nidification que les gardes-chasses soigneux de la conservation de leur gibier se postent dans les environs du nid de ce rapace pour tâcher de tuer la femelle sur ses œufs.

C'est surtout dans les bois de hauts sapins plantés sur le penchant des collines qu'il faut chercher la demeure des milans.

MILOUIN. *Dunbird.* ANAS FERINA. Cette variété de la famille des canards est de la même taille que le canard siffleur ; il pèse un peu moins de deux livres ; sa longueur totale est de 45 centimètres et son envergure de deux pieds et demi. Son bec est de couleur plombée avec l'extrémité noire ; la tête et le cou sont de couleur marron ; la gorge et la poitrine sont d'un gris très-sombre ; les ailes sont d'un gris clair marqué de minces raies noires.

En Angleterre, la plupart de ces oiseaux se prennent au moyen de trappes que l'on tend à la surface des étangs ; ils sont peu défiants et se laissent facilement approcher ; on parvient sans peine à portée d'un fusil de chasse ordinaire.

Le milouin est, de toutes les variétés du genre anas, celle qui se rencontre le plus fréquemment en France, après le canard sauvage bien entendu. Il est surtout abondant sur les côtes de Normandie et sur les étangs qui avoisinent la mer Méditerranée. Dans ces contrées méridionales, on emploie souvent à leur endroit la chasse à la rébalade.

MIRÉ. On donne le nom de sanglier miré à celui qui compte cinq ans accomplis ou davantage.

MIROIR. Instrument qui sert à attirer les alouettes. Voyez *Chasse au miroir.*

MOINEAU. Le moineau forme une famille de l'ordre des passereaux ; cette famille a neuf genres, parmi lesquels les genres moineau, bouvreuil, bruant, etc.

Le moineau proprement dit compte trois variétés : le moineau franc, le friquet et le soulcie ou moineau de bois.

MOINEAU FRANC. *House Sparrow*. PASSER DOMESTICUS.

Cet oiseau, qu'on appelle vulgairement pierrot, est le plus commun et le mieux connu de tous les petits passereaux. Bien qu'il soit généralement méfiant et rusé, on le prend sans peine au filet, pourvu que l'on possède un bon appeau vivant, et l'on a remarqué que l'appel du friquet attirait le moineau franc aussi bien que celui du pierrot lui-même. La chasse des moineaux est une excellente ressource pour le chasseur au filet, soit au commencement de la saison, soit durant les journées mal partagées où le passage est à peu près nul, ce qui se voit à toute époque. Pour prendre un grand nombre de moineaux, la meilleure des combinaisons possibles serait de se placer entre deux haies, situées à une soixantaine de mètres l'une de l'autre. Dans de telles circonstances, les oiseaux vont d'une haie à l'autre en rasant la terre, et l'on peut faire au vol des coups superbes.

Si l'on ne dispose que d'une seule haie, comme c'est le plus souvent le cas, il faut placer le filet au pied même de la haie; si cette combinaison est impraticable, on reculera de 20 à 25 mètres au moins. Un filet serait mal placé s'il se trouvait à 8 ou 10 mètres de la haie. Les oiseaux n'y tomberaient pas souvent parce qu'ils seraient assez près pour observer l'engin, et ceux qui traverseraient passeraient trop haut.

MOQUETTE. Terme usité dans la chasse aux gluaux. C'est le nom qu'on donne à la chouette qui sert à attirer les petits oiseaux.

MOQUETTES. C'est le nom que l'on donne en termes de vénerie aux fumées du chevreuil.

MORELLE. *Great coot*. FULICA ATERRIMA.

Oiseau de la famille des fulicés que l'on désigne plus communément sous le nom de macroule. Voir ce mot.

MORILLON. *Tufted Duck*. ANAS FULIGULA.

Cet oiseau appartient à la famille des canards; il est d'une taille supérieure à celle de *l'anas glauca*, bien que quelques auteurs aient appliqué à celui-là la dénomination de grand morillon et celle de petit morillon à *l'anas fuligula*. Ils

19.

ont au reste beaucoup de rapports.

Le grand morillon est beaucoup plus rare que son congénère.

MORILLON (Petit). *Morillon*. ANAS GLAUCA. Le petit morillon appartient à l'ordre des palmipèdes, famille des Canards. C'est, après la sarcelle, le plus petit oiseau de ce groupe. On le distingue parmi tous ses congénères à une sorte de panache formé par les plumes du derrière de sa tête. Son bec est bleuâtre; l'iris de l'œil est de couleur vert d'eau; la taille de l'oiseau est un peu inférieure à celle du garrot auquel il ressemble assez pour que certains naturalistes aient prétendu que les oiseaux auxquels on donnait le nom de morillon n'étaient que les femelles ou les jeunes mâles du garrot. Le morillon ne visite nos contrées que pendant les mois les plus rigoureux de l'année; c'est une des variétés les moins défiantes de la famille des anas.

MOT. En termes de vénerie on donne le nom de mot à une seule note un peu allongée que l'on sonne avec la trombe et qui sert d'appel.

MOTTEUX. Voyez *Traquet-Motteux*.

MOUCHE D'AFFUT. C'est le nom qu'on donne parfois au bousier noir (scarabée stercoraire), qui ne prend son vol qu'à la tombée du jour, au moment où s'effectue la passée de la bécasse.

MOUÉE. Nom qu'on donne à la soupe qui sert de nourriture aux meutes de chiens courants.

MOUETTE. *Seamew*. LARUS CANUS. Cet oiseau appartient à l'ordre des palmipèdes, famille des Albatros. Son bec est fort et muni d'une pointe recourbée qui lui permet de tenir solidement sa proie. Il se nourrit de chair morte ou vivante et dans les mers polaires où les mouettes abondent, on en voit souvent des bandes innombrables s'abattre sur la carcasse échouée d'une baleine.

Comme cet oiseau est absolument impropre à la table, on le chasse peu, sinon pour tromper les ennuis d'une longue traversée sur mer. Dès qu'on est parvenu du pont d'un navire à abattre une mouette, il faut tâcher de s'en emparer et l'attacher au moyen d'une corde de

25 ou 30 mètres à l'arrière du vaisseau. Son cadavre flottant attirera un grand nombre de ces congénères et le tireur pourra choisir ses coups.

En été, quand les oiseaux de l'année viennent de prendre leur vol et se montrent encore sans défiance, on peut en tirer un grand nombre dans les ports de mer, en s'avançant à l'extrémité d'une jetée. Il faut toujours avoir soin de laisser flotter sur l'eau le premier oiseau abattu, qui servira à en attirer d'autres.

MOUVANTS. Terme de chasse aux filets. On donne le nom de mouvants ou de volants aux oiseaux qui, au moyen d'un corselet, sont attachés au sambé (voir ce mot) placé dans le filet. On donne encore ce nom aux oiseaux qui sont retenus par une simple ficelle fixée à un piquet et qui sont laissés maîtres de voler quand il leur plaît. Les mouvants bien dressés à leur manœuvre ont un grand prix aux yeux des oiseleurs habiles. Les mouvants libres, en s'agitant mal à propos, compromettent souvent le succès de la chasse; il ne faut donc les employer que quand on chasse des oiseaux qui vont par petites bandes, les grandes volées montrant toujours plus de finesse et de défiance.

MUE. C'est pour les oiseaux l'époque où ils perdent leur chant et renouvellent leur plumage. Pour le cerf, c'est la saison où il perd son bois.

On donne encore le nom de mues aux bois eux-mêmes que l'on trouve au printemps dans les forêts.

MUE FORCÉE. Terme de chasse aux filets. Pour obtenir des résultats complets dans cette chasse, il faut que les appeaux vivants du chasseur ne se contentent point de crier, mais chantent ou ramagent. Or, dans l'état normal, la plupart des oiseaux ne ramagent qu'au printemps, mais il existe un procédé artificiel pour déplacer la saison du chant en avançant d'une couple de mois celle de la mue.

A l'époque où les cerisiers se couvrent de fleurs, on place les oiseaux que l'on veut faire muer dans une chambre qu'ils ne doivent plus quitter pour plusieurs mois; progressivement, on diminue la lumière pour en arriver au bout de dix à quinze jours à une obscurité complète.

On nourrit bien les oiseaux, on les tient parfaitement propres et on les munit d'eau toujours fraîche. Quand on en a besoin pour la chasse, on leur rend la lumière peu à peu, mais avec plus de précaution encore qu'on n'en a mis à la leur ôter.

Les oiseaux qui doivent être employés à la chasse aux jeunes commencent à être retirés de mue vers le 15 août et ils peuvent servir dès le 5 septembre; ceux qui sont réservés au passage ne doivent être rendus à la lumière que vers le 15 septembre.

Le pinson, le linot, l'ortolan, le verdier, le bruant, le friquet sont les oiseaux qu'il est le plus important de faire muer; cette opération est encore utile pour le verdier ou le bruant, mais elle ne servirait de rien pour le chardonneret ou le bouvreuil.

MULET. Le mulet, qu'il ne faut point confondre avec le métis, est le produit de deux espèces différentes appartenant au même genre. Les principaux mulets sont le produit du cheval et de l'âne, celui du loup et du chien, et celui du chien et du renard dont Cuvier et plusieurs autres ont contesté l'existence et dont il existe actuellement des spécimens vivants.

Parmi les oiseaux, il y a des mulets produits de la serine avec le verdier, le chardonneret, le linot et une foule d'espèces du genre fringilla.

Les mulets ne jouissent jamais que d'une fécondité bornée; les uns dès la première génération, les autres à la troisième ou à la quatrième perdent la faculté de se reproduire. On remarque qu'il ne se produit de mulets qu'entre deux espèces, dont une au moins est soumise à la domesticité la plus absolue.

MULET. Terme de chasse à courre. On donne ce nom au cerf qui a perdu son bois, aussi longtemps que sa tête reste dépourvue de cet ornement.

MUSER. Terme de chasse à courre. On dit que le cerf muse, quand, à l'époque du rut, il marche le nez sur la terre pour chercher la voie des biches.

NAPPE. C'est sous ce nom que l'on désigne en langage cynégétique la peau du cerf. Quand on donne la curée aux chiens, c'est sur la nappe que l'on rassemble les parties de l'animal destinées à la meute. On disait autrefois cuirée, et il est probable que ce mot vient de cuir.

NAPPES. Le filet destiné à la chasse des petits passereaux se compose de deux nappes qui se recouvrent l'une l'autre quand l'instrument se ferme. (Voyez *Filet* et *Chasse au filet..*) Quand on fait emploi d'une ramée, on appelle nappe ronde celle qui recouvre la ramée; l'autre s'appelle nappe plate.

NASILLER. On dit que le sanglier nasille quand il fouille le sol avec son boutoir.

NÈGUE-CHIN ou **NÈGUE-FOL.** Ce sont des canots très-petits et très-légers employés dans quelques parties de la France à la chasse des oiseaux aquatiques. On les appelle aussi arlequins. Ces canots ne portent qu'une seule personne, ne sauraient supporter le choc de la détonation d'une arme à longue portée ni tenir la mer. On ne peut donc sous aucun rapport en conseiller l'emploi de préférence à celui du canot anglais. (Voyez *Chasse en canot.*)

NETTOYAGE D'UN FUSIL. Un fusil malpropre à l'intérieur donne un recul très-violent, et il en est de même d'une arme bien entretenue, mais dont l'intérieur est huilé.

Pour nettoyer un fusil, il faut un tournevis, une baguette articulée et une clef à cheminée; cette dernière est inutile pour les Lefaucheux. On lave d'abord à l'eau froide, puis à l'eau chaude d'une température de 60 à 70 degrés au maximum. Après que l'eau aura enlevé toute la crasse, on emploiera la baguette entourée de flanelle pour sécher l'intérieur des canons. L'étoupe est souvent employée à cet usage, mais elle est dangereuse pour les fusils à baguette, parce que les petits débris qui peuvent en rester dans les canons, s'enflamment au coup de feu, et, comme ils brûlent lentement, peuvent déterminer un accident si l'on recharge tout de suite.

Quand un fusil a été longtemps négligé et que l'intérieur des canons est couvert de rouille, on place sur la baguette articulée au-dessus de la flanelle ou de l'étoupe, un morceau de papier d'émeri de la qualité la plus fine et on l'assujettit avec du fil. Par ce procédé on arrive à nettoyer et à repolir le canon le plus profondément rongé de rouille.

NEZ. En matière de chasse, ce mot est celui que l'on emploie le plus fréquemment pour désigner la finesse de l'odorat indispensable à la plupart des races de chiens employés à la chasse. On appelle chien de haut nez celui qui chasse la tête au vent, au lieu de tenir le nez et les regards collés à la voie.

NEZ DE LA CROSSE. L'extrémité pointue de la crosse du

fusil; l'extrémité arrondie s'appelle talon de la crosse.

NOIX. On donne ce nom à la partie la plus importante de la platine du fusil. C'est la pièce mobile centrale sur laquelle le grand ressort exerce une action permanente, que vient annuler la gachette quand elle est introduite dans l'un des deux crans taillés dans la noix, le cran de repos et le cran de bandé. La noix est donc la pièce essentielle et centrale de la platine; elle met en rapport la gachette et la détente d'une part, le marteau de l'autre.

NOUÉES. Terme de chasse à courre. Les fumées du cerf sont nouées quand elles sont dépourvues d'aiguillon et presque cylindriques.

NOURRITURE DES OISEAUX. Il n'est pas une seule espèce de petits oiseaux que l'on ne puisse accoutumer à la captivité; c'est un préjugé de croire qu'il existe une seule variété qui, convenablement nourrie, périra par suite de la captivité elle-même. Nous n'avons pas à nous occuper ici des oiseaux de volière, mais il est utile que le chasseur connaisse la nourriture qui convient à toutes les variétés qui peuvent tomber en sa possession.

On nourrit habituellement les pinsons et linots, tarins et sizerins, de graine de millet long mêlée de navette; par exception, on y ajoute de temps en temps un peu de chènevis. Aux ortolans, bruants, moineaux, friquets, on donne uniquement le millet long; aux verdiers, bouvreuils, chardonnerets, le chènevis.

Les oiseaux que l'on a pris à la chasse aux jeunes, en juillet et août, s'habitueront plus facilement à la captivité si on commence par leur donner d'abord du froment ou du seigle, dont ils se nourrissent exclusivement à cette époque.

Les mésanges doivent être nourries de chènevis pilé; elles mangent aussi les faines, les noix sèches, et à défaut d'autre chose, un morceau de chandelle fera parfaitement leur affaire.

Tous les becs-fins quand ils viennent d'être pris accepteront la viande crue ou cuite hachée bien menue, mais il faut la mélanger le premier jour de mouches coupées en morceaux, de vers de farine ou d'autres insectes. Au bout de quelque temps on substitue progressivement à cette nourriture une pâte composée de jaune d'œuf cuit, de biscotte pilée et de chènevis écrasé.

Les œufs de fourmi, dans la saison où l'on peut s'en procurer, sont également excellents pour les becs-fins.

L'hirondelle fait exception : seule, elle refuse toute espèce de nourriture et périrait de faim si l'on n'y prenait garde ; il faut s'y prendre avec elle comme avec les petits oiseaux qu'on nourrit à la brochette et la forcer à ingurgiter de la viande hachée pendant un jour ou deux. Le troisième jour d'ordinaire, elle s'accoutume à sa cage et à sa nourriture.

NUIT. Terme de chasse à courre. La nuit d'un animal, c'est l'endroit où il est demeuré depuis la veille ; c'est aussi la route qu'il a suivie pendant cet espace de temps. Un veneur a défait la nuit d'un cerf quand il est parvenu à reconnaître tout le trajet qu'il a fait et à le remettre à l'endroit où il s'est arrêté.

NUMÉNÉES. C'est le nom d'une famille importante de l'ordre des échassiers. Ses principaux genres sont : le genre courlis, le genre bécasse qui comprend les bécassines ; le genre bécasseau qui comprend le combattant, l'alouette de mer, le canut, etc.

OIE. *Goose.* Cet oiseau forme un genre de la famille des anatés, ordre des palmipèdes. On en connaît vingt-huit espèces différentes, des deux continents.

OIE D'ÉGYPTE *Gansergoose.* ANAS ÆGYPTIANA.

Cet oiseau ne paraît dans nos contrées que dans certains hivers exceptionnellement rigoureux, et même alors il est extrêmement rare. Dans les années ordinaires, on n'en rencontre jamais, car, quand le célèbre naturaliste Bewick s'occupait de le décrire, il lui fut absolument

20

Oie d'Égypte.

impossible de s'en procurer un seul échantillon.

OIE RIEUSE. *Whitefronted goose.* ANAS ALBIFRONS.

Cet oiseau ne se montre pas dans nos contrées chaque hiver; il reste même parfois plusieurs années sans paraître, mais les froids très-rigoureux le ramènent inévitablement et souvent en grand nombre. Ces oies se reconnaissent à grande distance à leur poitrine couverte de bandes transversales très-distinctes et dont le dessin diffère presque pour chaque oiseau. Elles font entendre souvent un cri d'appel que l'on peut rendre par les syllabes « *kiritt* » deux fois répétées. On remarque qu'elles sont moins farouches qu'aucune autre variété d'oies, mais elles ont la vie extrêmement dure et on en voit souvent qui, après être tombées sur le coup de fusil, semblent revenir à la vie, et si on leur laisse quelques secondes de répit s'envolent à une demi-lieue.

Les oies rieuses volent en beaucoup meilleur ordre que les cravants, mais leurs bandes ne décrivent pas un angle parfait comme celles des oies ordinaires.

OIE SAUVAGE. *Common wild goose.* ANAS ANSER.

L'oie sauvage est plus petite que sa congénère dont la domestication a augmenté la taille. On voit arriver cet oiseau dans nos contrées vers la fin de l'automne, et il en est qui y demeurent la plus grande partie de l'hiver. Il est rare que les oies sauvages s'avancent bien loin dans l'intérieur des terres, et, lorsqu'elles s'abattent sur la côte pour y pâturer, elles ont coutume de faire choix d'une plaine bien découverte; elles sont d'une vigilance telle qu'il est absolument impossible d'arriver à portée d'un fusil de chasse ordinaire sans employer quelque stratagème. Ainsi, la vache artificielle, quoiqu'elle vaille mieux encore pour des oiseaux moins fins que l'oie, comme les pluviers, etc., a parfois donné des résultats; un moyen plus simple consiste à marcher sur le gibier en se tenant caché derrière l'épaule d'un cheval de labour. A l'époque où la terre est couverte de neige, en se couvrant entièrement de vêtements blancs et en enveloppant sa tête d'un bonnet de coton le chasseur parviendra souvent à une distance convenable sans avoir été aperçu, mais à tout autre moment de l'année le seul procédé qui offre quelque certitude consiste à chercher la place que les bandes d'oies fréquentent et qu'il est facile de reconnaître à la fiente des oiseaux et aux plumes dont le sol est parsemé. A la brune, on choisit une embuscade rapprochée de cet endroit et on ne tarde pas à voir arriver les oiseaux et à obtenir un bon résultat.

Les oies se chassent aussi sur mer, à l'aide d'un canot et d'un fusil à longue portée.

La chasse des oies sauvages a au Canada une importance énorme; c'est à la fin d'avril que ces oiseaux y font leur apparition et le mois qui suit y est appelé « *the goose moon*, » la lune des oies. D'innombrables huttes, occupées chacune par un chasseur, couvrent alors les parties du pays où les oies ont coutume de s'arrêter; les chasseurs savent imiter dans la perfection leur cri d'appel et un nombre immense de ces oiseaux devient de la sorte la proie des Canadiens. Beaucoup trop abondant pour pouvoir être consommé frais, ce gibier est aussitôt salé et mis en barils. Les oies voyagent par grandes bandes composées de deux files, qui se rejoignent et forment un angle de 45 degrés. La pointe de cet angle, qui est toujours tournée vers le sud en automne, indique le sens dans lequel les oiseaux s'avancent. A leur retour, au printemps, ces oiseaux sont dispersés et voyagent soit isolés, soit par couples ou par petites bandes. On a remarqué qu'une oie blessée, quelque légère que fût son atteinte, était aussitôt expulsée du troupeau et contrainte à l'avenir à vivre solitaire.

ONCE. Voyez *Panthère.*

OPOSSUM. *Opossum.* DIDEL-
PHIS VIRGINIANA.

La chasse de l'opossum comme celle du raton est réservée aux nègres sur les plantations du sud des États-Unis. L'opossum se chasse ordinairement à courre à l'aide de petits chiens dressés à cet emploi. Quand l'animal se voit sur le point d'être atteint, il a l'art de produire une odeur d'une fétidité telle que les chiens les plus résolus mollissent sur-le-champ ; à deux ou trois reprises la chasse est ainsi prolongée, mais quand l'animal a épuisé son arsenal d'infection, elle ne tarde pas à prendre fin.

ORTOLAN. *Ortolan.* EMBE-
RIZA HORTULANA.

De tous les petits passereaux que l'on chasse à l'aide de filets, l'ortolan est le plus recherché. Cet oiseau, très-abondant dans le Midi, se voit aussi, mais en petit nombre, en Belgique et dans le nord de la France ; quelques-uns mêmes nichent dans ces contrées.

Pour chasser l'ortolan avec succès, il faut posséder plusieurs appeaux vivants qui aient été soumis à la mue forcée et qui par conséquent ramagent au moment de la passe. Dans les contrées élevées, l'ortolan est le premier de tous les passereaux qui se mette en route à l'automne ; on ne peut guère en le chassant prendre autre chose que quelques grassets et quelques bergeronnettes. Dans le Midi, au contraire, le passage de l'ortolan se confond avec celui de la plupart des petits passereaux.

C'est au 15 mai que l'on met les ortolans en mue ; on les y laisse jusqu'au 15 juillet, et dix jours plus tard ils peuvent servir à prendre des jeunes, en attendant que commence le passage qui, pour l'ortolan, suit immédiatement la saison de la chasse aux jeunes.

Le passage des ortolans a lieu de très-grand matin et cesse beaucoup plus tôt que celui de tous les autres passereaux ; il est fort rare qu'on en prenne encore après neuf heures, tandis que les pinsons verdiers et linots passent jusqu'à midi et même jusqu'à une heure dans les meilleurs jours de l'année. Les appeaux vivants se placent des deux côtés du filet et jamais entre les nappes ; il est préférable de tirer le filet avant que les oiseaux soient posés à terre, car l'ortolan est de tous les passereaux celui qui montre le plus d'agilité à éviter les nappes ; il est très-sujet aussi à pointer, ce qui veut dire que quand il se trouve au milieu du filet au moment où l'impulsion est donnée au tirant, il lui arrive de s'élever verticalement d'un vigoureux coup d'aile, procédé à l'aide duquel il se tire d'affaire la plupart du temps.

Le passage des ortolans a lieu du 15 juillet au 15 septembre ; les jeunes de l'année se présentent d'abord, tandis que les dernières bandes ne sont composées que de vétérans. Il est rare que les ortolans soient réunis en grand nombre ; les bandes de six oiseaux sont déjà fortes et beaucoup moins communes que celles de trois ou de quatre. Dans certaines années on remarque que beaucoup d'ortolans effectuent leur passage pendant la nuit.

Dans les pays méridionaux, les ortolans que l'on vient de prendre sont parfois à moitié gras ; cependant, en thèse générale, pour devenir vraiment succulent, cet oiseau doit avoir été engraissé. Il n'est pas besoin de lui fournir à cet effet d'autre nourriture que le millet long, mais si l'on veut activer l'engraissement, on peut éclairer la chambre où se trouvent les oiseaux afin que, même durant la nuit, ils puissent manger toutes les fois qu'ils en ont envie.

ORTOLAN DES ROSEAUX. Voyez *Bruant des roseaux.*

OS. On donne souvent ce nom aux ergots du cerf, du daim et du chevreuil ; placés plus haut que le talon, les os, grâce à l'élasticité de la jambe, laissent leur trace sur le sol.

OURS BLANC. *Polar Bear.* Ursus maritimus.

L'ours blanc diffère essentiellement dans la forme et surtout dans les mœurs de toutes les autres espèces ; après l'ours gris, c'est le plus féroce de tous : il ne se trouve que dans les contrées tout à fait septentrionales où il vit au milieu des glaces ; on le voit sans cesse à la nage en quête de proie, et les embarcations qui s'aventurent sous ces latitudes élevées ont souvent occasion de le rencontrer. La chasse de l'ours blanc, qui se fait sur une grande échelle, à cause de la valeur de la peau, n'est pas sans danger par suite du nombre considérable de ces animaux que l'on voit parfois réunis au même endroit. L'ours blanc est extrêmement vigoureux ; il est moins difforme d'aspect que les autres variétés ; sa tête, très-allongée, a quelque ressemblance avec celle de certaines espèces de chiens.

OURS BRUN. *Brown Bear.* Ursus arctos.

Cet animal est celui que l'on rencontre dans les Alpes, dans certaines parties de la France et de la Suisse, en Suède, etc. L'ours brun est le plus petit et le moins redoutable de la famille des ours, bien que Buffon le donne comme plus carnassier que l'ours noir ; sa nourriture se compose surtout de végétaux, mais il arrive qu'en hiver, s'il a été longtemps privé de nourriture, il commette des dégâts et se jette sur des animaux et même sur des enfants. Sa chasse n'est point sans difficulté ; il est extrêmement défiant et ses sens exercés lui permettent de dépister un ennemi à une grande distance.

La chasse de l'ours brun ne se fait guère sur une grande échelle qu'en Suède ; dans ce pays, des battues énormes ont lieu chaque année et l'on voit sur pied, le même jour, un grand nombre de tireurs et plusieurs centaines de traqueurs qui cernent toute une partie de contrée. C'est surtout au printemps que les Suédois se livrent à cette chasse qu'ils poursuivent avec la plus grande ardeur, car les ours font beaucoup de ravages parmi leurs troupeaux de chèvres.

Ours gris.

OURS GRIS. *Grizzly Bear.* Ursus ferox.

Comme l'ours noir, l'ours gris ne se trouve qu'en Amérique ; c'est l'animal le plus redoutable de cette partie du monde, et s'il était doué de l'agilité du tigre et du lion, il serait plus à craindre qu'eux, car il montre encore plus de férocité.

L'ours gris a d'ordinaire un peu moins de taille que l'ours blanc, bien que certains spécimens atteignent les dimensions de ce dernier. Il pèse en moyenne 250 kilogrammes. Ses formes sont plus ramassées que celles de l'ours blanc; ses oreilles sont grandes, ses bras d'une force colossale, ses dents sont longues et aiguës, et ses pieds énormes laissent sur le sol une trace d'un pied de long sur huit pouces de large.

La couleur de l'animal qui nous occupe a un fond brunâtre entremêlé de poils blancs qui lui donnent l'air de grisonner. L'ours gris n'affectionne point le séjour des forêts comme l'ours noir, et il ne sait point grimper aux arbres; il est omnivore comme son congénère.

L'ours gris court beaucoup plus rapidement que l'homme, mais il ne peut lutter de vitesse avec un bon cheval; aussi le procédé que l'on emploie pour le chasser est-il des plus simples; le chasseur bien armé et bien monté peut laisser approcher l'ours à bonne portée, et s'il n'est point parvenu à l'abattre du premier coup, revenir à la charge après avoir pris du terrain.

Les Indiens de l'Amérique septentrionale font parfois de grandes battues dans le but de détruire des ours gris; ils sont toujours en grand nombre et tous bien armés, et néanmoins il n'est pas rare de voir l'un ou l'autre des chasseurs tomber sous la terrible griffe de l'animal. Pour rencontrer l'ours gris, ils explorent exactement les mêmes localités qui récèlent d'ordinaire le lion en Afrique; ces deux redoutables carnassiers ont au reste plus d'un rapport, mais il arrive parfois que devant le nombre de ses assaillants l'ours gris prend le parti de la fuite, ce que ne fait jamais le lion.

OURS NOIR. *Black Bear.* Ursus Americanus.

Bien qu'il porte en deux langues le nom d'ours noir, cet animal n'est pas toujours de cette couleur : généralement, le museau seul est d'un brun plus ou moins clair, mais cette teinte se répand parfois sur tout l'individu, et l'on en a vu des spécimens qui auraient mérité le nom d'ours jaune plus que tout autre.

La variété dont nous nous occupons n'existe qu'en Amérique ; elle est omnivore et se nourrit indifféremment de chair morte ou vivante ou de végétaux. L'ours noir a une préférence marquée pour le miel qu'il va chercher jusqu'au sommet des arbres, sur lesquels il grimpe en serrant le tronc dans ses bras et non à l'aide des griffes comme la race féline. Il habite d'ordinaire dans le creux d'un gros arbre.

La façon dont on chasse l'ours noir en Amérique est fort simple ; on le fait poursuivre par des chiens jusqu'à ce qu'il ait pris le parti de grimper sur un arbre, du pied duquel il est facile de l'abattre dans la plupart des cas. Si l'arbre récèle une crevasse dans laquelle l'animal se soit abrité, on le coupe au pied et l'on devient ainsi maître de l'ours.

L'ours noir n'est pas dangereux ; il ne se jette sur le chasseur que s'il est aux abois ou blessé. S'il en vient aux prises avec l'homme, il ne recourt point à ses dents comme l'ours gris, mais à la force musculaire de ses bras dans lesquels il serre son ennemi. Il paraît que son nez est doué d'une grande sensibilité, et un coup bien appliqué sur son extrémité le force souvent à lâcher prise.

On tend aussi à l'ours noir d'énormes piéges construits d'après le même modèle que les assommoirs qui servent à détruire les petits animaux nuisibles. Comme appât on emploie le miel.

OUTARDE. *Common Bustard.* Otis Tarda.

Ce magnifique oiseau dont la taille atteint à une longueur de 4 pieds et qui pèse souvent 12 kilogrammes, est rare dans toutes les contrées de l'Europe, bien qu'il ne soit absolument inconnu nulle part. L'outarde ne paraît dans nos contrées que durant l'hiver ; elle arrive par bandes de 20 à 25 et se tient comme l'oie au milieu de plaines ouvertes ; les divers stratagèmes employés pour tromper la vigilance des oies peuvent également être appliqués avec succès à la chasse de l'outarde.

Il paraît aussi que de l'intérieur d'un chariot l'on parvient fréquemment à les abattre, parce que l'approche d'un véhicule ne leur cause que peu de frayeur. Ces oiseaux sont assez fins pour reconnaître les bergers et les laboureurs et pour n'en prendre point ombrage ;

Outarde.

aussi, si le costume du chasseur ne diffère pas trop de celui des gens de la campagne et s'il réussit à dissimuler son fusil, il peut parvenir à approcher l'outarde à bonne distance.

Blaine signale un procédé bizarre de prendre l'outarde; c'est de lancer sur elle un lévrier; si le chien parvient à une courte distance de l'oiseau sans lui donner l'éveil, celui-ci doit presque inévitablement devenir sa proie, grâce à l'espace de temps considérable que lui demandent les battements d'ailes lents et pénibles qu'il doit faire pour s'enlever de terre; aussi, au lieu de chercher à s'envoler, l'outarde, en pareil cas, s'enfuit-elle à pied et, au bout de peu de temps, le lévrier la force et s'en empare.

La chasse à l'outarde à l'aide de faucons est fort en honneur en Afrique. Les chefs des tribus du sud de l'Algérie se livrent à ce genre de sport avec grand apparat, et il n'est pas rare de voir deux cents cavaliers prendre part à une chasse.

Dans ces contrées, les bandes d'outardes sont fort peu farouches, et il est facile de les approcher d'assez près pour lâcher les faucons. On en lance d'abord une couple, puis tous les autres, quand l'oiseau qui a été choisi est séparé de la bande. L'outarde poursuivie par les faucons monte verticalement ou s'enfuit à tire d'aile ; dans ce dernier cas, il est rare que les cavaliers puissent se tenir assez près de la chasse pour assister à ses péripéties, mais, quand l'oiseau prend le parti de s'élever en droite ligne, la poursuite offre l'un des spectacles les plus curieux qui se puissent rencontrer. La force de l'outarde est telle qu'on en a vu être portées bas à cinquante lieues de leur point de départ.

OUTARDE (PETITE). *Little Bustard*. OTIS TETRAX.

Cet oiseau est un diminutif de l'outarde auquel il ressemble beaucoup, mais il n'a qu'un pied et demi de long, ne pèse pas un kilogramme et n'atteint pas trois pieds d'envergure. Beaucoup plus rare en Angleterre que son congénère, cet oiseau est assez répandu dans la France où il porte le nom de Canepetière. Il est assez défiant ; quand on l'a forcé à prendre son vol, il s'abat à une distance de 200 ou 300 mètres, puis se met à fuir de toute la vitesse de ses pattes ; il est presque impossible de le faire lever de nouveau.

La petite outarde fréquente ordinairement les sainfoins, les bruyères et les joncs épineux : elle évite les endroits assez touffus pour qu'on puisse l'y surprendre ; la vigilance est un des principaux côtés de son caractère comme de celui de la grande outarde.

OUTREPASSER. Ce terme de chasse à courre s'emploie à l'égard des chiens qui s'emportent au delà de la voie.

On se sert du même mot pour exprimer l'acte des daguets dont le pied postérieur se place ordinairement en avant de la trace du pied antérieur.

OUVERTURE. On appelle ouverture en termes de chasse à tir le premier jour de chasse de chaque année, lequel, selon les arrêtés légaux, se présente d'ordinaire le 1er septembre ou peu de jours avant ou après cette date.

Dans les chasses d'ouverture on tire beaucoup et généralement assez mal : beaucoup de chasseurs sont restés longtemps sans s'exercer, et puis, c'est une remarque d'une application générale, que plus souvent l'on tire dans la même journée, plus on fait de bévues relativement. Tel sportsman qui sur dix coups de fusil tirés dans le cours de la journée n'en manquera pas plus d'un, fera peut-être trente brouettes sur cent coups de fusil.

Le grand nombre de chasseurs et surtout de chasseurs maladroits qui couvrent les campagnes dans un jour d'ouverture fait que souvent midi n'a point sonné avant que tout le gibier de la contrée ait levé. Fatigués, effarés, beaucoup de perdreaux se séparent de leurs compagnons, puis, quand vient la chaleur du jour, ces jeunes oiseaux isolés se blottissent dans la retraite la plus touffue qu'ils peuvent rencontrer et n'en bougent que sous le nez du chien. C'est à ce moment que la chasse devient détestable pour le novice, tandis qu'elle commence seulement à être réellement fructueuse pour le vrai chasseur. Celui-ci sait où chaque compagnie, où chaque perdreau isolé se sont remis; il a prudemment laissé aux oiseaux le temps de se tranquilliser et, accompagné de son bon chien, qu'il a eu grand soin de rafraîchir fréquemment de crainte que, la chaleur aidant, il ne perde tout son odorat, il va relever l'un après l'autre les compagnies et les oiseaux dont il connaît la retraite, sans négliger, bien entendu, de battre soigneusement aussi les terrains où il n'a connaissance d'aucun gibier.

Beaucoup de jeunes chasseurs tirent trop vite, et ce défaut a plus d'inconvénients dans une journée d'ouverture, alors que le gibier part fréquemment entre les jambes du sportsman.

OUVRÉ. On donne ce nom aux chiens dont le palais est moucheté de taches noires. Cette expression n'est guère usitée que lorsqu'il s'agit de lévriers.

PAIN SALÉ. C'est une pâte composée de sel et de terre glaise que l'on fait sécher et que l'on dépose dans les enclos où l'on renferme les bêtes fauves. Ces animaux sont très-friands de sel et ils lèchent avec avidité ce pain qui produit d'excellents effets sur leur santé.

PALETTES. Le nom de palettes est le terme propre pour désigner le bois du daim.

PALMIPÈDES. Les palmipèdes forment un ordre dans la classification des oiseaux ; leur caractère principal, comme le nom l'indique, est la membrane qui relie les doigts entre eux.

L'ordre des palmipèdes comprend cinq familles : la famille des canards, celle des pélicans, des albatros, des pétrels, et enfin celle des pingouins. L'ordre des Palmipèdes est un des plus riches, car la seule famille des canards comprend 144 espèces distinctes.

PANNEAU. Enorme filet en toile ou en mailles de corde qui sert à prendre les bêtes fauves dans les parcs et enclos réservés. Les mots panneauter et panneautage sont également usités pour exprimer l'action de prendre le fauve à l'aide de panneaux.

PANTHÈRE. *Panther*. L'animal que Buffon a appelé de ce nom n'est autre que le jaguar (voyez ce mot). La véritable panthère porte également la dénomination d'once ; cet animal est plus grand que le jaguar et que le léopard ; quant au pelage, la différence entre ces trois animaux est presque insensible. La panthère habite les anfractuosités des rochers ; elle recherche les endroits très-accidentés. Sa voix ressemble au braire d'un mulet.

En Algérie, les Arabes chassent la panthère en battue ; l'animal qu'ils font lever est presque toujours tué. Les Kabyles ont un moyen singulier de détruire ces animaux pour s'emparer de leurs dépouilles. Dès qu'ils trouvent les restes d'un animal dont la panthère s'est repue, ils les enlèvent en les remplaçant par un seul gros morceau de chair. Cet objet est traversé par de grosses ficelles communiquant aux détentes de plusieurs fusils braqués sur l'appât.

La plupart des peaux de panthères qui paraissent sur les marchés de l'Algérie sont obtenues par ce procédé.

PANTIÈRE ou PENTIÈRE. Grand filet vertical de 10 mètres de haut sur 50 mètres de long, destiné à prendre les bécasses, faisans et autres oiseaux. On le tend sur la lisière des bois, en le disposant de manière à pouvoir laisser tomber la partie supérieure dès qu'un oiseau s'est engagé dans les mailles. L'usage de ce filet est autorisé dans l'Ain et dans certains autres départements de la France, mais seulement pour la bécasse ; il est rigoureusement interdit de s'en servir pour prendre des perdreaux, des faisans, des grives, etc.

PAON. *Peacock.* Ce magnifique oiseau se trouve en grande abondance à l'état sauvage dans les Indes. Le capitaine Williamson assure en avoir aperçu douze à quinze cents répandus dans un bois de vastes dimensions. Les paons sont fort timides et en général difficiles à approcher. Le meilleur moyen serait de parcourir les bois dans les nuits claires; comme les oiseaux ne perchent pas haut, il serait facile de les apercevoir sur les arbres et de les abattre. Dans les localités où ils sont le plus nombreux, on ne peut manquer de réussir en se plaçant en embuscade dans un endroit qu'ils fréquentent habituellement; mais le silence le plus rigoureux doit être observé en pareil cas.

Les paons sont très-vigoureux, et, à moins qu'on ne soit à une portée de 20 ou 25 mètres, il n'est pas facile de les porter bas. On choisit de préférence le plomb n° 4 et on vise sous l'aile si la position de l'oiseau le permet. En cas contraire, on ajuste à la tête.

PARAMONT. Terme de chasse à courre. C'est ainsi que l'on désigne le sommet de la tête du cerf.

PARCHASSER. Terme de chasse à courre. C'est l'acte de poursuivre un animal qui a plusieurs heures d'avance sur les chiens. Par extension, on dit que les chiens parchassent toutes les fois qu'ils vont comme s'ils parchassaient, c'est-à-dire qu'ils crient peu, s'arrêtent pour flairer ou suivent la voie sans paraître certains qu'elle est bonne.

PARÉ. Terme de chasse à courre. On dit qu'un animal a le pied paré quand celui-ci s'est usé outre mesure sur un terrain pierreux. Les chasseurs sont exposés dans ce cas à juger l'animal plus vieux qu'il ne l'est réellement.

PARIADE. On donne ce nom à l'époque où les perdrix s'accouplent et où, par conséquent, on ne les rencontre que par paires. Il est facile de reconnaître dans ce cas le mâle ou bourdon qui part toujours le premier.

PARIAH. C'est le nom d'une race de chiens à demi sauvages de l'Inde qui vivent en bandes autour des villages et qui n'appartiennent à personne, bien qu'ils soient toujours prêts à accompagner à la chasse le premier venu. Le pariah ressemble au dhole, il est presque toujours de couleur brun-rouge, maigre et décharné; il a les oreilles dressées et la poitrine profonde. Les Indiens s'en servent surtout pour la chasse du tigre et du sanglier, et il n'existe guère qu'une espèce au monde, le bull-dog de race pure, qui possède plus de courage et d'intrépidité.

PAROIS. C'est le terme propre pour désigner la peau du sanglier.

PAS. En matière de vénerie, le terme propre pour désigner le ventre ou la panse du lièvre est celui de pas du lièvre.

PAS-DE-LOUP. C'est un piége qui sert à prendre les grands animaux. Ce n'est autre chose qu'un traquenard de très-grande dimension. Voyez *Traquenard.*

PASSAGE. Voyez *Migration.*

PASSÉE. Ce mot est synonyme de ceux de passage ou de migration, mais il s'applique plus spécialement à la bécasse; ainsi, on donne fréquemment le nom de « chasse à la passée » à l'affût de la bécasse.

PASSEREAUX. Si le nombre des familles et des variétés était la seule condition à examiner, l'ordre des passereaux, qui ne compte pas moins de 23 familles, serait de loin le plus important de tous.

Voici l'énumération de ces familles :

Pies grièches, 16 genres; — Cotingas, 6 genres; — langaras, 3 genres;—Merles, 15 genres; — Gobe-mouches, 13 genres; — Becs-fins, 12 genres; — Manakins, 4 genres; — alouettes, 2 genres; — Mésanges, 2 genres; — Moineaux, 9 genres, 343 espèces; — Etourneaux, 2 genres; — Pique-bœuf, 1 genre; — Corbeaux, 9 genres; — Rolliers, 4 genres; — Sittelles, 5 genres; — Hirondelles, 6 genres; — Proméropidés, 2 genres; — Grimpereaux, 7 genres; — Souimangas, 9 genres; — Oiseaux-mouches, 2 genres; — Guêpiers, 1 genre; Martin-pêcheurs, 5 genres; — Calaos, 2 genres.

PATRON. Terme de chasse à tir. On dit qu'un sportsman

chasse à patron quand il se sert de deux chiens d'arrêt qui quêtent en se croisant ; on trouve des pointers et des setters admirablement dressés à cet exercice, qui est considéré en Angleterre comme partie indispensable et tout à fait essentielle du dressage d'un bon chien d'arrêt.

PATTER. On dit qu'un lièvre patte quand il court sur un sol boueux et qu'il emporte des morceaux de terre collés à ses pieds.

PAUMÉE. Terme de chasse à courre ; on dit que la tête du cerf est paumée quand l'empaumure compte cinq épois. C'est là un signe qui n'appartient qu'à de très-vieux cerfs.

PECCARI. *Peccary.* Sus Tajacu. Cette variété du sanglier habite la Nord-Amérique. Ces animaux y vivent en grandes troupes ; ils se logent dans les cavernes des rochers, ou, à défaut de celles-ci, dans les creux des arbres ; ils se nourrissent de racines, de fruits, de grenouilles, de crapauds, de lézards et de serpents.

Quand un peccari est attaqué, ses cris attirent bientôt toute la bande, qui se jette sur l'agresseur, que celui-ci soit un homme, un lynx ou même un puma ; et ce dernier, malgré sa force, est souvent mis en pièces par la bande de peccaris qu'il avait eu l'imprudence de provoquer.

Les chasseurs, lorsqu'ils sont à pied, n'attaquent point les peccaris ; même lorsqu'ils sont bien montés, ils ne s'y hasardent que si les bois sont bien ouverts et permettent aux chevaux une course facile. Cependant, les ravages que causent aux champs de froment ces animaux, forcent les propriétaires à leur faire une guerre acharnée ; aussi en tue-t-on un grand nombre chaque année. Des meutes de chiens sont dressées à les poursuivre, et quand ils font tête, les chasseurs armés de leurs rifles arrivent en grand nombre et mettent fin à la lutte. Sans l'appui des chasseurs, les chiens seraient mis en fuite ou tués, car le peccari, quoique de beaucoup moindre taille que le sanglier de nos contrées, est de force à se mesurer avec le plus vigoureux bull-dog.

PELAGE. C'est le mot consacré en termes de chasse pour désigner le poil des bêtes fauves.

21.

PELOTER. Terme de chasse à tir. Peloter une perdrix ou une caille, c'est l'abattre net, sans qu'elle ait pu faire encore le moindre mouvement après avoir essuyé le coup de feu.

PENNARD. Voyez *Pilet*.

PERCER. Terme de chasse à courre, synonyme de forlonger.

Dans un autre sens, on dit que l'animal perce quand il fuit droit devant lui. Les piqueurs percent au fort quand ils traversent les fourrés.

PERCHE. Synonyme de merrain. C'est la tige principale du bois du cerf, du daim ou du chevreuil; elle commence immédiatement au-dessus des meules.

PERDRIX AMÉRICAINE. Voyez *Colin*.

PERDRIX DE PASSAGE. Voyez *Roquette*.

Perdrix grise.

PERDRIX GRISE. *Common Partridge.* **TETRAO PERDIX.**
Cet oiseau, que l'on rencontre dans toutes les contrées de l'Europe, a une longueur moyenne de 32 centimètres; son bec et

ses yeux sont d'un brun clair ; les tons qui dominent dans son plumage sont le brun et le cendré artistiquement mêlés de noir. Les pattes sont d'un gris verdâtre. Les mâles ont sur la poitrine une marque d'un beau brun marron en forme de croissant, et les oiseaux adultes ont des taches de même couleur sur les côtés de la tête.

Les petits de la perdrix portent le nom de perdreaux aussi longtemps qu'ils ne sont pas adultes. On reconnaît qu'ils n'ont pas atteint cette époque à la teinte de leur plumage, et notamment à celle de la tête qui est d'un gris uniforme. Il n'y a par conséquent de perdreaux que durant trois mois de l'année, juillet, août et septembre. Au 1er octobre, tous les mâles deviennent bourdons et toutes les femelles prennent le nom de perdrix. Par exception, cependant, il reste encore parfois à cette époque des perdreaux qui sont nés plus tard que les autres, leur mère ayant perdu sa première couvée et ayant pondu une deuxième fois hors de saison.

La perdrix pond ordinairement de douze à dix-huit œufs qui tous viennent à bien quand la saison n'a pas été par trop défavorable : ses petits éclosent dans les premiers jours de juin, et vingt jours après d'ordinaire ils commencent à voler.

La perdrix dépose le plus souvent ses œufs dans les prés, les trèfles ou les luzernes, ce qui cause la perte de presque toutes les couvées qui n'ont pas encore vu le jour quand on fauche les fourrages verts. Lorsque la saison est précoce, et qu'au moment de la ponte les céréales sont déjà avancées, la perdrix choisit de préférence les champs de cette nature, et les années où il en est ainsi, le perdreau est très-abondant, la principale cause de destruction des couvées ayant disparu.

La perdrix couve seule, sans être aidée dans ces fonctions par le bourdon, mais celui-ci veille autour de la couvée et s'efforce de préserver la mère et les œufs des innombrables ennemis dont ils sont menacés. Aussitôt que les petits perdreaux sortent de leur coquille, ils sont capables, comme les poussins, de courir et de prendre leur nourriture. Le coq et la poule veillent sur eux, leur indiquent les vers et les limaces qui leur conviennent le mieux et s'efforcent de les défendre. Les petits volent au bout d'une vingtaine de jours ; durant cet espace de temps, on dit qu'ils sont en traîne ; ils sont fort exposés alors à périr par suite de l'inclémence de la saison ou à devenir la proie des chiens, des chats, des oiseaux de proie, ou des enfants de la campagne. Si la jeune couvée est menacée de cette façon, l'un des parents vient se jeter au devant de l'ennemi ; il feint d'être blessé, se traîne en laissant pendre l'aile, et semble offrir une proie facile : si on le poursuit, il repart et va tomber à quelque distance, de manière à attirer l'homme ou l'animal loin de sa petite famille. Pendant ce temps, l'autre perdrix rassemble les jeunes, et aussi vite que leurs pattes peuvent les porter, ils s'éloignent de l'endroit où ils ont été vus. Cette ruse, que le fabuliste La Fontaine a décrite, se répète souvent et réussit presque toujours.

Les perdreaux qui viennent de prendre leur vol ne sont ni bons à manger, ni dignes d'être poursuivis par un véritable sportsman ; pendant plus d'un mois encore, ils conservent un plumage d'un gris uniforme ; ce n'est qu'à l'époque où celui-ci s'est maillé de plumes de couleur de rouille qu'ils sont considérés comme véritables perdreaux : jusque-là, les chasseurs leur donnent le nom de pouilleux.

Beaucoup de propriétaires amateurs de chasse surveillent avec soin le travail des ouvriers qui fauchent le foin, le trèfle et les luzernes ; ils font recueillir précieusement tous les œufs que l'on découvre et les donnent à couver à une poule. Ce procédé réussit d'ordinaire, mais il faut préconiser encore davantage le système nouvellement inventé de l'incubation artificielle ; au moyen d'un appareil très-peu coûteux, on est tout à fait certain du résultat, tandis que l'on ne trouve pas toujours de poule qui se montre disposée à entreprendre immédiatement l'incubation des œufs qu'on lui offre, et ce serait compromettre le succès de la couvée de les donner à une poule qui couve déjà, mais dont les œufs ne doivent pas éclore à la même époque que la jeune couvée de perdreaux.

Les petits qui ont été confiés à une poule accompagnent leur mère d'adoption comme les poussins, jusqu'au jour où leurs ailes étant assez fortes pour les porter, ils se répandent dans la campagne et souvent se joignent à une autre compagnie ; quant aux perdreaux que l'on aura élevés artificiellement, on pourra les lâcher à l'air libre dès qu'ils auront atteint six semaines. Ils volent beaucoup plus tôt, mais, privés des conseils et du secours de leurs parents, on pourrait craindre qu'ils ne fussent pas assez vigoureux pour échapper aux poursuites de leurs divers ennemis.

Les perdreaux nés des secondes couvées dont nous avons parlé et qui portent le nom de « jeunes de recoquetage, » atteignent bien rarement l'âge adulte. Ils ne sont pas encore forts à l'époque où s'ouvre la chasse, et la plupart sont alors pris par les chiens ; cependant, tous les sportsmen qui se respectent se font une loi de ne pas tirer un perdreau pouilleux, et ce gibier est considéré comme ne sauvant pas de la bredouille.

Quand, après le 1er octobre, il n'y a plus de perdreaux à proprement parler, parce que tous ont la tête ornée des plumes rousses qui caractérisent l'âge adulte, il est encore possible au sportsman de distinguer les oiseaux de l'année de ceux qui sont plus âgés. On examine notamment les pieds qui sont plus livides, plus rugueux chez les perdrix de deux ans, et d'une couleur plus jaunâtre chez celles de l'année. De plus, la première grande plume de l'aile est pointue chez ces dernières et arrondie chez les oiseaux de la deuxième ou de la troisième année, si tant est qu'il en existe, car il paraîtrait surprenant que ces animaux aient pu échapper deux années de suite aux terribles hécatombes que l'on fait de leur espèce, d'autant plus que, dès l'ouverture, l'on s'attaque de préférence aux parents, afin d'avoir plus de chances de disperser la compagnie.

La perdrix grise se rencontre dans toutes les contrées de l'Europe ; elle habite toutes espèces de localités, sauf cependant les grandes forêts : on peut, lorsque la saison de la chasse n'est pas encore très-avancée, espérer l'aborder partout, pourvu que les oiseaux se trouvent plus ou moins à couvert.

Si un chasseur aperçoit de loin une compagnie de perdreaux sans abri, dans un labouré ou une terre nue, il ne doit pas tenter de les aborder directement ; il n'y a aucun doute que les oiseaux prendraient leur essor avant qu'il soit arrivé à une distance assez restreinte pour avoir chance de les atteindre. Il faut dans ces cas rester en vue des perdreaux et n'en approcher qu'à petits pas jusqu'à ce qu'on les ait vus marcher dans la direction d'un couvert quelconque où ils chercheront à se réfugier ; quand la marche du chasseur n'est pas assez rapide pour effrayer les perdreaux, ceux-ci préféreront toujours se soustraire à sa vue en se servant de leurs pieds et non de leurs ailes. On les suivra donc de fort loin, sans gagner de terrain sur eux, jusqu'à ce qu'on les ait vus se remettre dans une pièce de trèfle ou de légumes où ils se caseront, persuadés qu'ils sont désormais à l'abri du danger. Après les avoir laissés là durant un quart d'heure, le chasseur pourra marcher sur leur retraite et sans doute les approchera d'assez près pour faire feu.

La perdrix, dont le vol n'est pas rapide, a beaucoup à craindre de la part des oiseaux de proie qui en font une énorme consommation ; beaucoup de propriétaires soigneux des intérêts de leurs plaisirs, ont coutume de faire placer chaque année sur leur territoire de chasse des buissons d'épines sous lesquels les perdreaux peuvent se réfugier et se tenir à l'abri : souvent on place près de ces buissons un perchoir muni d'un piége où l'oiseau malfaisant vient se faire prendre en s'y posant pour épier sa proie. La vue de l'épervier produit sur la perdrix un effet de terreur profonde ; quand elle l'a aperçu, elle se blottit dans quelque trou ou quelque buisson d'où rien ne pourra la faire déloger : on a vu ainsi des compagnies entières se laisser prendre par les chiens plutôt que de quitter le refuge où la crainte de l'oiseau de proie les avait fait se retrancher.

La perdrix est un des oiseaux que les chiens arrêtent le mieux ; bon nombre de pointers ou de braques fort médiocres en général, se montrent excellents pour la poursuite de cet oiseau : ils le désignent ordinairement bien quand il est en compagnie, mais l'arrêt est toujours plus ferme et mieux soutenu quand le chien a affaire à un oiseau isolé. C'est dans l'après-midi d'un jour d'ouverture, jour d'émotions bien vives et bien souvent renouvelées pour cette espèce de volatiles,

que l'on rencontre le plus souvent le perdreau seul, toujours
bien plus facile à approcher et
plus facile à tirer que quand il
est uni à un nombre plus ou
moins grand de camarades.
Plus tard, une expérience
cruelle a appris à ces oiseaux
que leur union fait leur force;
aussi, à partir de la seconde
quinzaine de septembre, ne
rencontre-t-on le perdreau isolé
que par suite de circonstances
qui se présentent rarement,
quand, par exemple, ses derniers compagnons viennent
d'être abattus par le plomb du
chasseur, et encore, dans ce
cas, ne tarde-t-il pas à s'ad-
joindre à une autre compagnie
qui l'accepte toujours dans son
sein. Dans l'arrière-saison, on
chasse les perdrix en battue en
même temps que le gibier à
poil pour lequel cette méthode
est bien plus favorable. Un immense cordon de traqueurs armés de bâton se répandent dans
la plaine et forcent tout le gibier qu'ils font lever à se diriger
vers un point de la contrée où
se sont réunis les chasseurs.
Parfois, ces hommes se munis-
sent de cordes auxquelles ils
ont attaché des bouchons de
paille et qui servent à combler
les intervalles qui resteraient

inévitablement vides entre chaque traqueur. De cette manière,
il est pour ainsi dire impossible
qu'une seule pièce de gibier
reste gîtée. Le nombre de lièvres et de lapins que l'on peut
détruire de cette manière est
incalculable, mais il en est autrement des perdrix qui, passant à une certaine hauteur
au-dessus des chasseurs et dans
toute la force de leur vol, sont
fort difficiles à tirer. On con-
seille, pour réussir dans ce
genre de tir, d'attendre que les
oiseaux aient passé au-dessus
du tireur pour les tirer quand
ils s'éloignent : je pense qu'il
vaut mieux lâcher son premier
coup quand ils arrivent et conserver le deuxième pour tirer
quand ils sont passés.

Un coup de battue que l'on
cite comme particulièrement
difficile, est celui qui consiste
à tirer l'oiseau au moment pré-
cis où il passe au-dessus de la
tête du chasseur, de façon qu'il
tombe à ses pieds quand il est
atteint. On appelle ce coup le
coup du roi ou le coup droit :
la première appellation est sans
doute une corruption de la seconde.

Un perdreau atteint à la tête
s'échappe souvent comme s'il
n'avait pas été touché ; si on le

suit de l'œil, on le voit bientôt s'élever à une hauteur que le vol des perdreaux n'atteint jamais dans les circonstances ordinaires. Si le chasseur tient à son gibier, aussitôt qu'il se sera aperçu de cette tendance à monter, qu'il courre dans la direction de l'oiseau ; il ne va pas tarder à tomber mort après avoir atteint une grande hauteur. Que le sportsman s'efforce de bien reconnaître l'endroit où l'oiseau a touché le sol, car, sans cela, s'il n'est accompagné d'un excellent retriever, il est probable qu'il ne pourra le retrouver. Un oiseau tombé mort a bien peu de fumet, et un chien ordinaire devrait être conduit par le hasard à un pied de l'animal pour avoir conscience de sa présence.

Mais si le chasseur possède un de ces retrievers excellents qui devraient se payer au poids de l'or, il peut s'en rapporter à lui : le perdreau sera retrouvé, à moins qu'on n'ait pu reconnaître, à cent mètres près, la place où il est tombé. Le retriever cherche avec méthode ; aussi est-ce le seul chien sur lequel on puisse compter dans un cas semblable.

La chasse de la perdrix à l'aide de faucons est très-intéressante, parce que cet oiseau est très-répandu et qu'il habite les grandes plaines qui seules se prêtent parfaitement à la fauconnerie.

Les sportsmen qui prennent part à cette chasse se mettent en ligne, sauf le fauconnier qui, bien monté, marche en avant. On emploie pour faire lever l'oiseau de bons chiens, pointers ou setters, et quand ils sont en arrêt, on lâche le faucon avant que le gibier ait pris son vol. Si l'on attendait que les perdreaux fussent levés, il serait à craindre que le faucon ne les aperçût pas. Quand le faucon a saisi sa proie, tous les cavaliers, sauf le fauconnier, s'arrêteront, et celui-ci seul s'avancera avec précaution, saisira la prise, encapuchonnera le faucon et lui donnera aussitôt la tête de la perdrix.

On remarque que les perdreaux sont beaucoup moins effarouchés par la chasse au faucon que par toute autre ; ainsi, une compagnie ne quittera pas le canton qu'elle a choisi quand même plusieurs de ses membres deviendraient chaque semaine la proie du faucon, et on sait qu'il en est autrement quand ces oiseaux sont trop fréquemment poursuivis par les tireurs.

PERDRIX ROUGE. *Red-legged Partridge.* Tetrao Rufus. Cet oiseau est un peu plus grand que la perdrix grise ; le bec et l'iris sont rouges, le front est d'un gris brun, le derrière de la tête est brun, sur la gorge et le cou est une marque blanche entourée de noir ; au-dessus de chaque œil, on voit également une marque blanche. La poitrine est cendrée avec deux marques noires sur chaque plume ; les côtés sont marqués de bandes arquées blanches, noires et oranges. Les pattes sont rouges ; celles du mâle portent un éperon qui sert à reconnaître les sexes.

Ces oiseaux se rencontrent en quelques parties de l'Angleterre, où ils ont été importés récemment ; en France, on les trouve dans toutes les contrées vinicoles, et dans les pays plus méridionaux ils sont universellement répandus.

Les lieux que ces oiseaux fréquentent de préférence, sont les collines, les bruyères, les endroits rocailleux, et l'hiver, les bois ou les haies touffues.

La perdrix rouge se nourrit, lorsque le blé lui manque, d'insectes, de limaces ou de baies sauvages. Elle vit en bandes comme la perdrix grise, mais ses compagnies sont moins compactes ; en cherchant leur pâture, les oiseaux s'éparpillent sur un plus grand espace, et quand ils prennent leur vol, ils partent l'un après l'autre. Deux traits de son caractère séparent surtout la perdrix rouge de sa congénère ; le premier, c'est qu'il lui arrive parfois de se poser sur les arbres ; et le second, c'est qu'on en a vu fréquemment, surtout quand elles étaient blessées, pénétrer dans les terriers de lapin ou dans les creux que présentait le sol.

La perdrix rouge est d'une chasse très-difficile ; elle ne tient jamais bien, et elle déjoue l'adresse du chien comme la patience du chasseur, de celui surtout qui n'a pas une longue habitude de ses mœurs. Si, en pénétrant dans un champ, les chiens tombent en arrêt sur une bande de perdrix rouges, le chasseur peut être certain qu'elles courront à une grande distance avant de prendre leur vol ; elles traverseront un ou plusieurs champs et souvent partiront hors de portée. On comprend comme la poursuite de ces oiseaux doit gâter les meilleurs chiens, qui deviennent bientôt d'arrêt fragile, irritables et nerveux et qui, quand ils ont affaire à des perdrix grises, s'attendant à les voir pietter également, courent à elles sans tenir l'arrêt. Ce n'est qu'à l'aide d'une connaissance approfondie de leurs mœurs que le chasseur pourra obtenir dans la chasse des perdrix rouges quelque résultat, car, pour le novice, les surprises succèdent aux surprises : au moment où il croit que tous les oiseaux ont quitté le champ qu'ils parcouraient quelques instants auparavant, il en voit un lever à droite, puis un autre à gauche, partout, sauf là où il pensait qu'ils fussent, et comme les perdrix rouges, quoique plus lourdes que les perdrix grises, s'élèvent sans aucun bruit, elles sont souvent très-loin avant qu'on les aperçoive. D'autres fois, il arrive que l'oiseau courre jusqu'à ce qu'il arrive au pied d'un arbre, puis s'élance parmi les branches ; si le chasseur ne l'a pas vu exécuter ce tour, il le cherchera longtemps en vain. Les perdrix rouges ont parfois tant de répugnance à lever, qu'on les a vues, après s'être éreintées à courir, se laisser prendre par le chien au fond d'une rigole sans avoir tenté de s'envoler. Toutes ces difficultés, il faut le remarquer, n'existent que pour les oiseaux adultes, car, tout au commencement de la saison, les perdrix rouges ne sont guère plus difficiles à chasser que les autres, mais quinze jours plus tard, il en est déjà tout autrement. Quand les chasseurs sont quatre ou cinq et que le champ dans lequel le gibier est caché est bien plat et bien ouvert, ils réussiront souvent en se plaçant à chaque coin du champ et en marchant d'accord vers le centre. On parvient ainsi parfois à disperser la compagnie, ce qui est bien plus difficile pour les perdrix rouges que pour les grises.

En temps de neige, ces oiseaux sont à la merci du chasseur ; en battant les haies, on les fera partir le plus souvent à bonne distance et on marquera facilement leur remise ; leurs manœuvres ne peuvent leur servir en ces circonstances, et c'est ordinairement par ce moyen qu'on tue le plus grand nombre de ces oiseaux en Angleterre ; en France, la chasse n'est point permise lorsque la neige couvre le sol. La perdrix rouge est beaucoup moins bonne pour la table que la perdrix grise ; néanmoins, sa rareté relative et ses brillantes couleurs en font un assez beau présent.

PERLURES. Ce sont des pro-tubérances qui existent le long du merrain et des andouillers des cerfs, des daims et des chevreuils. Presque insensibles chez les jeunes animaux, ces aspérités se dessinent et prennent du relief à mesure que la bête avance en âge. Il ne faut point confondre les perlures avec les pierrures ; ces dernières n'existent que sur la meule.

PERMIS DE CHASSE. C'est le nom que l'on donne en France au document qui est délivré aux chasseurs au prix de trente francs. Tout le monde est d'accord pour reconnaître que les chasseurs aux filets, à la pipée, aux gluaux ne doivent point être munis de permis de chasse, mais le doute subsiste quant aux chasseurs à courre. La-vallée est d'avis que les personnes qui se contentent de suivre une chasse à cheval sans y prendre une part active, ne sont pas tenues d'acquitter l'im-pôt du permis de chasse, mais qu'il en est autrement pour les veneurs, les piqueurs, valets de limier, etc., etc. Pour obtenir un permis de chasse, il faut s'adresser d'abord au commis-saire de police qui donne un certificat ; contre présentation de cette pièce, le permis de chasse est délivré à l'instant même à la préfecture de police sans aucun délai.

En Belgique, la même pièce porte le nom de port d'arme ; sa délivrance donne lieu à un droit de 32 francs. Il faut s'a-dresser au gouverneur de cha-que province pour l'obtenir ; il est nécessaire d'être muni d'un certificat du commissaire de po-lice et de faire la preuve que l'on possède le droit de chasse sur un domaine de cent hectares au minimum. La délivrance du port d'arme en Belgique souffre toujours un délai de quelques jours.

PETREL. *Petrel.* PROCELLA-RIA. Cet oiseau forme une fa-mille de l'ordre des palmipèdes.

Le plus curieux des petrels est celui que l'on appelle vul-gairement oiseau des tempêtes (*stormy-petrel*) ; c'est le *Procel-laria Pelagica.* Cet oiseau est le plus petit des palmipèdes con-nus ; sa taille ne dépasse pas celle de l'hirondelle ; on ne le voit jamais qu'en pleine mer, et bon nombre de naturalistes se sont livrés à de longues recher-ches pour arriver à établir où cet oiseau fait son nid. On a fini par trouver des nids de petrels dans les rochers et les falaises ; ils ne contiennent qu'un seul œuf.

Quand les marins aperçoivent une volée de petrels dans le sillage de leur navire, quelque beau que soit le temps ils doivent s'attendre à une tempête.

Il n'est pas d'oiseau plus difficile à tirer que le petrel, à cause de la rapidité et de l'irrégularité de son vol.

PIC-MAÇON. Voyez *Sittelle.*

PIE. *Magpie.* **PICA.** La pie appartient à la famille des corbeaux ; c'est un oiseau très-destructeur qui dévore les jeunes oiseaux et les œufs et s'attaque souvent aux levrauts ou aux lapereaux. Comme le nid de la pie est entouré d'un fagot d'épines et partant très-visible, un des meilleurs moyens de détruire la couvée est de surprendre la femelle sur ses œufs et de l'y tuer ; en toute saison, on peut empoisonner les pies en plaçant sur un des arbres sur lesquels elles ont coutume de se poser, des morceaux de viande fraîche assaisonnée de strychnine. Un autre moyen de destruction consiste à parcourir les bois dans une charrette, de laquelle on tire les pies qui se présentent sur la route ; on peut ainsi être à peu près certain d'approcher ces oiseaux à bonne distance, tandis qu'on perdrait son temps à chercher d'arriver à portée à pied.

La chasse de la pie à l'aide de faucons est extrêmement intéressante, à cause de l'agilité avec laquelle elle évite les serres de l'oiseau de proie. On choisit pour cette chasse une plaine parsemée de taillis très-jeunes ou de buissons. Aussitôt que la pie a aperçu le faucon, elle cherche un refuge au fond d'un buisson, d'où il est souvent très-difficile de l'expulser. Quand on est parvenu à l'en chasser, elle gagne au plus tôt un autre buisson ; le faucon s'élance sur sa proie, mais malgré le secours que lui apporte un second oiseau qu'on lâche au même instant, la pie parvient souvent à éviter leur étreinte. Mais il est fort rare qu'elle réussisse aussi bien une seconde fois, et si on parvient à lui faire de nouveau prendre vol, elle devient d'ordinaire la proie des faucons. Malgré sa timidité et sa prudence habituelles, la pie qui se voit poursuivie par les faucons ne craint pas de passer au milieu des cavaliers et des chiens, elle qui en temps ordinaire ne se laisse jamais approcher à portée de fusil.

PIED. Terme de chasse à courre. On emploie ce mot au sujet des indices que les veneurs tirent des empreintes laissées sur le sol par les pieds des animaux. Juger un animal par le pied, c'est conclure de la trace de ses pas à sa race, à son âge, à son sexe, à sa taille. Voyez *Juger le cerf*.

PIED DU CERF. Le pied du cerf est fourchu et divisé en deux parties. Les pointes qui se trouvent à la face antérieure portent le nom de *pinces*; la partie postérieure s'appelle *talon*. La semelle est creusée à l'intérieur, sauf sur les bords, qui portent le nom de *côtés*; c'est naturellement cette dernière partie qui se marque le plus profondément dans les empreintes. La partie creuse s'appelle la *sole*; l'espace compris entre les deux talons se nomme *comblette*. Pour ce qui concerne les indices à tirer du pied du cerf, voyez *Juger le cerf*.

PIED DU CHEVREUIL. Les anciens écrivains de vénerie prétendaient qu'on ne pouvait tirer d'indice du pied du chevreuil; les études auxquelles on s'est livré depuis lors, ont permis cependant d'indiquer des signes distinctifs suffisamment marqués. Comme les cerfs, les brocards ont les pieds postérieurs plus fermés que les chevrettes; la trace de la femelle est plus petite que celle du mâle du même âge, mais il est presque impossible de discerner la trace du daguet de celle de la chevrette brehaigne, c'est-à-dire, stérile. Le chevreuil dix-cors a les pinces moins aiguës et tout à fait fermées, aux membres antérieurs et membres postérieurs.

En dépit de ces indices, il est prudent, quand on veut chasser le chevreuil d'après les règles de la grande vénerie, que le valet de limier ait mis la bête *à piser*, ce qui veut dire, l'ait mise debout et l'ait vue.

PIED DU LIÈVRE. Il est assez rare que le chasseur rencontre des empreintes de lièvre, et même quand il fait beau revoir, les ongles seuls d'habitude sont visibles. Ces traces peuvent cependant servir d'indice, parce qu'autant les ongles du bouquin qui est sans cesse en route sont usés, autant ceux de la hase sont aigus, car cette dernière ne court que quand elle y est forcée. On remarque en outre que les ongles du mâle sont serrés et ceux de la femelle plus ou moins écartés.

PIED DU LOUP. Le pied du loup ressemble beaucoup à celui du chien ; cependant, un examen attentif fera bientôt reconnaître les différences réelles qui existent entre les deux. Le pied du chien est presque rond, tandis que celui du loup semble affecter la forme du trèfle que l'on voit sur les armoiries. Ainsi, les doigts du milieu sont serrés et allongés, tandis que le doigt placé à l'extrémité de chaque côté du pied s'écarte des autres. Le talon est en forme de cœur. Les ongles chez le loup sont plus gros que chez le chien.

Le pied de la louve est plus allongé que celui du loup, et ses ongles sont plus aigus.

PIED DU RENARD. Le pied du renard ressemble, en plus petit, à celui du lévrier ; ses ongles étant toujours très-serrés, le pied semble mince et allongé. Celui de derrière est beaucoup plus fort que celui de devant.

PIED DU SANGLIER. Voyez *Trace.*

PIEDS DE GONDOLE. On donne ce nom aux pieds des cerfs qui ont séjourné longtemps dans des localités humides. La sole en est très-profonde et les côtés tranchants.

PIÉGE. On donne le nom générique de piéges aux engins de toute sorte qui servent à la capture des grands ou des petits animaux, qu'ils soient destinés à les prendre vifs ou morts. On n'emploierait pas exactement ce terme si on l'appliquait à des engins qui n'ont de pouvoir que grâce à la coopération continue des chasseurs, tels, par exemple, que les filets ; les piéges proprement dits doivent avoir en eux-mêmes le principe de leur action, basé généralement sur un mécanisme plus ou moins ingénieux.

Les piéges les plus répandus sont, pour les petits oiseaux : les lacets, rejets, raquettes, trébuchets, brais, sauterelles, mésangettes, etc., etc. Pour les animaux nuisibles, tels que fouines, martres, belettes, etc., les assommoirs, hameçons à ressorts, traquenards, etc. Ce dernier piége, que l'on construit de toutes dimensions, est le plus généralement employé pour les grands animaux, loups, renards, etc. Pour dissimuler les piéges, on emploie des matières analogues à celles qui couvrent le sol ; des feuilles mortes dans les bois, des gazons séchés dans les champs ; quant aux piéges destinés aux petits oiseaux que l'on place dans les jardins, au pied des buissons, on les recouvre d'une couche légère de terre bien tamisée.

PIE-GRIÈCHE. LANIUS. La pie-grièche forme une famille de l'ordre des passereaux ; quoique n'appartenant pas à l'ordre des rapaces, cet oiseau doit être considéré comme un oiseau de proie, et il est plus redoutable pour les petits passereaux dont il fait sa proie ordinaire que l'émerillon et les autres falconés de taille inférieure.

Il n'existe point de chasse directement dirigée contre la pie-grièche, mais il arrive parfois que le chasseur aux filets la prenne entre ses nappes où elle est venue dans le but de s'emparer des oiseaux mouvants. La pie-grièche grise se voit le plus communément.

PIERRURES. Terme de chasse à courre. Les pierrures sont des aspérités de même nature que les perlures ; mais ces dernières se trouvent sur la perche et sur les andouillers des cerfs, tandis que les pierrures n'existent que sur la meule. Ces signes sont peu marqués chez les jeunes animaux, et ils prennent de plus en plus de relief à mesure que le cerf gagne de l'âge. On donne souvent à l'ensemble des pierrures le nom de fraise.

PIERROT. *House-Sparrow.* PASSER DOMESTICUS. Voyez *Moineau franc.*

PIETTER. Terme de chasse à tir qui ne peut s'appliquer qu'au gibier à plume. On dit qu'une perdrix, qu'une caille ou qu'un faisan piette quand ils se dérobent devant le chien dans le but d'échapper à sa poursuite sans être forcés de prendre leur vol.

PIGACHE. Terme de vautrait. On donne le nom de sangliers pigaches aux bêtes noires qui ont une des pinces du pied plus longue que l'autre.

PIGEON. *Pigeon.* COLUMBA. Cet oiseau n'a pu rentrer dans aucune des classifications admises par les naturalistes ; une limite nettement tracée le séparc des gallinacés. On en a donc fait un ordre à part, qui ne contient qu'une seule famille, un seul genre et 136 espèces.

Les caractères sont : un bec renflé et un peu recourbé à la pointe ; quatre doigts entièrement divisés, dont trois à l'avant et un à l'arrière.

PIGEON D'AMÉRIQUE. *Passenger Pigeon*. COLUMBA MIGRATORIA. Le pigeon de passage de l'Amérique septentrionale est d'une taille un peu inférieure à celle du pigeon domestique ; son plumage est d'une teinte ardoise presque uniforme, sauf la gorge qui présente la couleur changeante qu'on rencontre si fréquemment dans cette famille. Ces tons changeants ont cela de particulier, qu'ils disparaissent au bout de quelques heures en cas de mort de l'oiseau et au bout de quelques jours s'il est réduit en captivité.

L'œil, qui est magnifique chez le mâle, et le plumage sont moins beaux chez la femelle qui est aussi de moindre taille.

Ce qu'il y a de plus remarquable chez cet oiseau, c'est le chiffre colossal des individus dont sont composées les bandes qui traversent à certaines époques les États-Unis. Audubon et Wilson ont cherché à évaluer le nombre d'oiseaux que contenaient deux de ces bandes. Celle dont le premier de ces naturalistes chercha à supputer le chiffre devait se composer, d'après son évaluation, d'un milliard 160 millions d'oiseaux, tandis que la bande dont s'occupa Wilson fut estimée par lui à près du double de ce chiffre incroyable.

Les pigeons d'Amérique ne sont point des oiseaux de passage dans le sens ordinaire de ce mot. Bien que faisant annuellement deux migrations, celles-ci n'ont rien de régulier : c'est une existence nomade nécessitée par le manque de nourriture, car ces troupes incommensurables ont bientôt épuisé la subsistance que leur offre une contrée. Ce n'est que par exception et quand par exemple une neige épaisse couvre les contrées du Nord des États-Unis qu'on peut voir dans les États du Centre comme l'Ohio et le Kentucky des bandes immenses comme celles dont se sont occupés Wilson et Audubon, quoique chaque année on en voie d'assez nombreuses pour en être confondu d'étonnement.

Les pigeons d'Amérique sont très-peu craintifs lorsqu'ils sont jeunes et n'ont pas encore quitté les environs de leur nid ; mais quand ils sont adultes, ils se montrent plus défiants. En général, cependant, les chasseurs éprouvent peu de difficulté à approcher à portée de fusil les oiseaux isolés, mais jamais ils n'atteignent les groupes serrés qui se tiennent toujours à 100 ou 150 mètres de l'ennemi. Néanmoins, un excellent tireur peut rapporter cent oiseaux à la suite d'une journée de tir à l'époque du passage des bandes de pigeons.

PIGEON SAUVAGE. Voyez les mots *Biset* et *Ramier*.

PILET. Cet oiseau, qui appartient à la famille des canards, porte un grand nombre de noms ; on l'appelle aussi canard à queue fourchue, pennard, et enfin faisan de mer. Son caractère principal est d'avoir de chaque côté de la queue une plume qui dépasse toutes les autres. Son plumage est noir, mêlé de blanc, avec des reflets vert changeant et marron. Dans les grands froids, on le voit assez fréquemment en France.

PILLER. L'habitude de l'acte exprimé par ce mot est un des défauts les plus graves du chien d'arrêt. Le chien pille quand, au lieu de tenir l'arrêt, il se précipite sur le gibier en cherchant à le saisir. Il y a des chasseurs assez peu judicieux pour pousser leurs chiens à cette grave faute en leur donnant le commandement de *pille!* quand ils trouvent que le gibier tarde trop longtemps à prendre son parti.

PINCE. Terme de chasse à courre. Le cerf, le daim, le chevreuil et le sanglier ont le pied fourchu ; chez ces quatre animaux on donne le nom de pinces à chacun des deux ongles qui forment la partie antérieure du pied. Chez les bêtes fauves, les jeunes mâles ont ordinairement les pinces ouvertes ; les vieux marchent les pinces fermées, sauf quand ils sont sur leurs fins. Des pinces très-usées font juger l'animal vieux, sauf quand la contrée est exceptionnellement pierreuse.

PINCE D'ELVASKI. C'est un piége qui offre beaucoup de ressemblance avec le collet à ressort ; on le construit d'ordinaire en grande dimension pour l'appliquer à la capture des canards. Au lieu d'avoir les pattes prises dans un lacet que le mécanisme du collet à ressort serre vigoureusement, les canards qui ont fait joué la pince d'Elvaski ont le corps comprimé entre les deux branches de la pince. La détente et le mécanisme sont semblables dans les deux piéges.

PINNATIPÈDES. L'ordre des pinnatipèdes est un des moins importants dans la classification des oiseaux ; il ne comprend que deux familles formant chacune deux genres : la famille des foulques et celle des grèbes.

Le caractère principal de cet ordre est une membrane large et festonnée qui entoure les doigts ; cette membrane, quoique différente de celle qui chez les palmipèdes réunit les doigts les uns aux autres, fait le même office.

PINSON. *Finch.* Fringilla. Le pinson est un des oiseaux les plus importants au point de vue de la chasse aux filets. Dans les contrées du nord de la France, en Belgique et surtout en Hollande, le nombre des pinsons qui passent à l'époque de la migration est incalculable.

Cet oiseau est beaucoup plus défiant que la plupart des autres petits passereaux, et quand il est en grand nombre, le chasseur réussit bien rarement à l'attirer dans son filet. Parfois, un oiseau se détache de la queue de la bande et vient se faire prendre, mais il est inouï qu'un chasseur ait vu tomber dans ses nappes une de ces épaisses bandes de pinsons si communes vers le 15 octobre. Quand il se présente des oiseaux isolés ou des petites bandes de 2, 3 ou 5, le chasseur a beaucoup plus beau jeu et réussit beaucoup plus fréquemment.

Il est très-important d'avoir de bons appeaux vivants, parmi lesquels une couple au moins doivent avoir été soumis à la mue forcée ; si avec cela on a deux ou trois bons tinteurs, on pourra considérer comme certaine la prise de tout oiseau qui se présentera isolément.

L'arrivée des bandes de pinsons se reconnaît facilement à grande distance au petit sifflement qui est leur cri de voyage et qu'ils font entendre sans cesse quand ils volent. Aussitôt, si les appeaux vivants sont bons, ils donneront avec vigueur, et quand la bande sera devenue visible, le chasseur donnera quelques coups de sambé. Si la bande de pinsons est considérable et qu'un oiseau tombe dans le filet, il faut tirer celui-ci et prendre l'oiseau isolé; pour une chance qu'il y aurait que quelque autre vienne le rejoindre dans le filet, il y en a dix pour que l'oiseau s'éloigne presque aussitôt après qu'il aura touché terre. Si la bande de pinsons n'est que de 3 ou 4, on aura plus de chance de voir l'oiseau qui est tombé dans le filet attirer les autres qui tournoient encore autour du filet, mais si ceux-ci s'étaient posés sur des arbres ou à terre hors du filet, il faudrait prendre l'oiseau isolé, parce que les chances d'en avoir plusieurs deviennent dès lors problématiques.

A l'époque où le passage est en plein et par conséquent dure tard, vers le 15 octobre, quand on a plusieurs bons pinsons appelants, on fait bien d'en réserver un dont on couvre la cage de façon à l'empêcher de chanter. Quand les oiseaux commencent leur service à six heures du matin, ils sont d'ordinaire fatigués vers onze heures et ne disent plus rien. Un oiseau frais est extrêmement précieux en pareil cas.

PINSON D'ARDENNES. *Mountain Finch.* Fringilla monti. Le pinson d'Ardennes est un très-bel oiseau; ses couleurs sont éclatantes et nuancées de la façon la plus gracieuse. On ne le voit jamais dans nos contrées, sauf à l'époque du passage. Le pinson d'Ardennes voyage en bandes comme le pinson ordinaire avec lequel on le voit fréquemment mêlé; on le reconnaît à un cri bref et guttural d'un son peu agréable. Il est moins fin que le pinson ordinaire, et l'on réussit plus fréquemment à prendre des bandes considérables de pinsons d'Ardennes que de pinsons.

On peut prendre cet oiseau sans posséder d'appeau vivant de l'espèce, car il répond assez bien à l'appel du pinson; cependant, on n'obtiendra de succès complet qu'à l'aide d'une couple de bons appelants. Le pinson d'Ardennes offre cette particularité, qu'à mesure qu'on avance vers le Sud, on remarque que son passage est de moins en moins abondant. C'est exactement le contraire de ce qui arrive pour l'ortolan.

PINSON-PALETOT. Terme de chasse aux filets. On donne ce nom aux pinsons qui ont été dénichés et élevés à la brochette. Ils sont rarement bons pour le service d'appeaux vivants.

PINSON-ROYAL. V. *Gros bec.*

PIPÉE. V. *Chasse à la pipée.*

PIPIT. Voyez *Alouette pipit.*

PIQUÉ. On donne ce nom à la trace laissée sur la terre par le pied d'une grosse bête. De ce mot on a fait dériver le verbe *piquer.*

PIQUER. Terme de chasse à tir qui ne s'applique qu'au gibier à plume. Un oiseau pique quand il s'élève presque verticalement en formant avec le sol un angle de 75 à 80 degrés. Cette allure se remarque parfois chez la perdrix rouge.

PIQUEUR. Les mots *piqué* et *piquer* sont peu usités, mais leur dérivé *piqueur* est employé très-fréquemment en matière de vénerie. Le piqueur est l'individu qui pique, c'est-à-dire, qui relève les traces des animaux et qui suit de près les chiens pour leur porter secours ou les faire manœuvrer suivant les circonstances.

PISER. Terme de chasse à courre. Le piqueur ou le valet de limier chargé de faire le bois met une bête *à piser*, quand il la fait lever pour en juger par ses yeux. C'est la façon ordinaire d'en user à l'égard des chevreuils qui ne donnent par le pied que des indications plus ou moins incertaines.

PISTOLET. Cette arme ne s'emploie jamais comme arme de chasse, mais le colonel Hawker en préconise l'emploi dans la chasse des oiseaux aquatiques. Lorsque la mer est très-agitée, les vagues elles-mêmes servent de rempart aux bandes d'oiseaux qui se trouvent à la nage ; il n'y a d'autre moyen que de les tirer au vol, et pour y arriver, rien de mieux que de décharger un pistolet qui les fera partir tous à la fois et perpendiculairement, tandis que si l'on s'approche des oiseaux jusqu'à ce qu'ils s'envolent, ils partent avec moins d'ensemble et ils rasent les flots.

PIVOTS. Les pivots sont la partie de la tête du cerf intermédiaire entre la meule et le massacre. Les pivots sont en réalité des os du front ; ils ne se renouvellent pas et néanmoins ils peuvent servir d'indice en ce qui concerne l'âge de l'animal, parce qu'ils s'épaississent de plus en plus en même temps qu'ils se raccourcissent, leur extrémité étant endommagée chaque année lors de la mue du cerf.

PIVOTS RAVALÉS. Les pivots diminuent en hauteur à mesure que le cerf avance en âge ; il existe même de très-vieux animaux chez lesquels cette partie a pour ainsi dire disparu ; ces cerfs ont la meule placée immédiatement sur le massacre ; on dit qu'ils ont les pivots ravalés.

PLAQUE DE LA CROSSE. On nomme ainsi la plaque de métal qui garnit le talon de la crosse des fusils de chasse et que l'on appuie contre l'épaule quand on couche en joue.

PLAQUE DE LA DÉTENTE. C'est la pièce de fer à laquelle est soudée la sougarde et dans laquelle sont ménagées les ouvertures qui laissent travailler les détentes.

PLAQUE DE LA PLATINE. C'est la pièce de fer dont le côté gravé constitue l'extérieur de la platine et à la face intérieure de laquelle ses diverses parties se trouvent vissées.

PLATEAUX. Terme de chasse à courre ; on donne le nom de fumées en plateaux à celles que les cerfs jettent au commencement de l'été, quand ils cessent de les donner en bouzards. Plus consistantes que ces dernières, plates et rondes de forme, les fumées en plateaux ne sont pas encore divisées ; les cerfs les jettent ainsi jusqu'en juillet, époque à laquelle les fumées se divisent et prennent le nom de fumées en troches.

PLATINE. La platine, qu'on nomme aussi batterie, est l'ensemble des pièces qui, depuis la détente jusqu'au marteau, servent à produire l'explosion de la charge contenue dans le canon du fusil. Les pièces dont se compose la platine sont : la plaque de la platine, la gachette, la noix, la bride de noix, la chaînette, le grand ressort, le ressort de la gachette et le marteau. (Voir ces mots.)

Pour nettoyer la platine d'un fusil, il est nécessaire de la démonter entièrement. La première chose à faire dans ce but est d'enlever le grand ressort ; on se sert à cet effet d'une sorte de pince à vis exclusivement destinée à cet usage. On enferme le ressort dans la pince, on la serre à l'aide de la vis jusqu'à ce que le ressort ait perdu toute action sur le marteau; alors on presse la gachette et le ressort s'enlève très-facilement. On dévisse alors toutes les autres pièces et l'on termine par enlever le ressort de la gachette.

Quand chaque pièce a été parfaitement nettoyée avec un morceau de peau souple et qu'on a eu soin d'enlever, à l'aide d'une brosse, toute substance logée dans les angles, dans les trous des vis, etc., on remonte la platine par le procédé suivant :

On visse d'abord le ressort de la gachette, puis la noix et enfin la bride de noix. Quand tout cela est en place, on fixe le marteau et on le laisse retomber. Alors, on accroche le grand ressort à la chaînette et, en le serrant dans la pince à vis, on glisse le pivot à sa place; dès lors la platine est prête à fonctionner; il n'y a plus qu'à huiler le pivot de la noix et celui de la gachette.

Chaque fois qu'on a chassé par un temps de pluie ou de brouillard, il est utile de démonter et de nettoyer les platines du fusil.

PLOMB DE CHASSE. Les principales qualités du plomb sont la rondeur parfaite des grains, leur égalité, la force de résistance que présente la matière et son poids spécifique. Sous ces deux derniers rapports, le plomb anglais est préférable; sous les autres, il n'y a pas lieu de faire de distinction.

On distingue les diverses dimensions du plomb de chasse par des numéros qui vont en décroissant; ces numéros sont : pour le plomb anglais : A, B, C, et de 1 à 10, soit en tout 13 espèces; pour le plomb français : 0, 1, 2, 3, 3bis, 4, 4bis, 5, 6 et 7, soit en tout 10 espèces; pour le plomb belge : 0000, 00, 0, et de 1 à 11, soit en tout 14 espèces. Comme ces numéros ne correspondent pas absolument, voici le nombre de grains comparatif que contient la charge moyenne de 40 grammes des variétés les plus usuelles :

N^{os}	français	anglais	belges
3	92	173	169
4	141	217	217
5	320	279	269
6	480	358	369
7	640	436	473

A l'ouverture de la chasse, la plupart des coups sont tirés à une distance maximum de vingt-cinq pas ; on emploiera donc le n⁰ 6 français ou 7 belge.

Au bout de huit jours, on abandonne ce numéro et l'on prend le 5 français ou 6 belge, et quand le perdreau devient tout à fait sauvage, on monte encore d'un numéro ; le 5 belge ou anglais doit être considéré comme le plus fort qui puisse convenir à la chasse du perdreau.

Le chevreuil se chasse avec du n⁰ 5, quoique beaucoup de chasseurs préfèrent les numéros plus forts ; pour le renard, le 3 belge ou 4 français est le meilleur ; c'est le même qui convient à la chasse du canard sauvage. Le n⁰ 7 français est réservé aux cailles, aux bécassines et aux grives.

Quant à la mesure de plomb qu'il convient de faire porter à un fusil, les auteurs ne sont point d'accord. Elzéar Blaze prétend que le poids de la poudre doit être à celui du plomb comme un est à six. D'Houdetot donne la proportion de un à huit, et De Merle celle de un à dix, tandis que les écrivains anglais sont presque tous d'accord pour préconiser la proportion de un à trois ou quatre au plus. C'est au chasseur à choisir entre ces autorités qui toutes ont leur importance ; une série d'essais comparatifs le conduira probablement à préférer la donnée moyenne, celle qu'indique Blaze, mais cela dépend beaucoup du fusil.

Les jeunes chasseurs sont très-souvent enclins, croyant augmenter leurs chances, à renforcer leur mesure de plomb ; ce mode d'agir est très-préjudiciable ; l'excès de poudre a infiniment moins d'inconvénients que l'excès de plomb. Ils ont encore le tort de tirer souvent à des distances impossibles. Les plombs qui figurent au tableau ci-dessus, 3, 4, 5, 6 et 7 perdent toute leur force à une distance de 70 à 90 mètres ; ils ne peuvent donc tuer qu'à une distance qui varie entre 45 et 65 mètres. On a vu à vrai dire obtenir des résultats à une distance plus considérable, mais ils tiennent à des circonstances tout exceptionnelles et dont on ne saurait sérieusement tenir compte.

PLONGEON. *Diver.* Colymbus. Cet oiseau appartient à la famille des Albatros ; son caractère le plus singulier consiste dans ses pieds retirés dans l'abdomen et tenant le corps hors d'équilibre. Quoique ces oiseaux soient tous excessivement sauvages, ceux des grandes espèces font preuve de beaucoup d'intrépidité, car s'ils sont réduits à l'extrémité ils se jettent sur le chasseur ou sur le chien. L'extrême agilité du plongeon faisait croire aux chasseurs d'il y a cinquante ans qu'il apercevait la flamme du bassinet de leurs fusils à silex et que plongeant aussitôt il parvenait à échapper à leur plomb. Les amorces fulminantes ont bien augmenté la rapidité du tir, et cependant, aujourd'hui encore on manque fréquemment le plongeon qui, une fois sur ses gardes, met si peu de temps à venir respirer à la surface de l'eau qu'avant que l'œil du chasseur ait pu marquer la place où il se trouvait, il a souvent disparu déjà au fond de l'eau.

Le plongeon ordinaire est un oiseau à tête grise tachée de noir ; les ailes sont rousses, le ventre blanc, les pieds noirâtres ; il a à peu près la taille de la poule d'eau. Sur l'Océan, les chasseurs aux oiseaux aquatiques rencontrent des plongeons de beaucoup plus grande taille.

PLUVIER (Grand). *Great Plover* ou *Stone Curlew*. Charadrius Œdicnemus. Cet oiseau a peu de rapport avec les autres espèces du même nom ; il a une longueur d'environ 40 centimètres ; son bec est d'une longueur moyenne ; ses yeux et ses paupières sont d'un jaune pâle ; le dessus du corps est d'un brun fauve, chaque plume portant au centre une raie noire. Le ventre est d'un blanc jaunâtre ; les pattes sont jaunes et dénudées jusqu'au dessus des genoux.

Cet oiseau, presque inconnu en France, se rencontre assez fréquemment en Angleterre. Quoiqu'il habite d'ordinaire les marais et leurs alentours, où il se nourrit de vermisseaux, les chasseurs le voient assez souvent lever devant leurs chiens en septembre, mais il part presque toujours hors de portée. Le grand pluvier ne prend son vol pendant le jour que quand il y est forcé par l'approche d'un ennemi. Il court d'ailleurs presque aussi vite que le chien. Le soir il se met en route pour pâturer et on peut alors entendre à de grandes distances son cri rauque que le naturaliste Bewick compare au bruit d'une serrure rouillée.

Cet oiseau n'est propre à la table que lorsqu'il est très-jeune ; en arrivant à maturité,

sa chair devient dure et sèche.

PLUVIER A COLLIER. *Ring
Dotterel.* CHARADRIUS HIATICULA.
Le pluvier à collier est beaucoup plus petit de taille que le
pluvier doré; c'est un oiseau de
côtes et on le trouve en tous
temps près de la mer où le pluvier doré ne se rencontre que
par accident. Comme le pluvier
doré, le pluvier à collier est fort
sauvage; sa chair est peu estimée et il se chasse peu. Il est
d'ailleurs assez rare.

Pluvier doré.

PLUVIER DORÉ. *Golden Plover.* CHARADRIUS PLUVIALIS. Cet
oiseau pèse entre sept et huit
onces; sa longueur est de 25
centimètres environ; son bec
est foncé et long d'un pouce;
ses yeux sont d'un brun clair.
Le dessus du corps est sombre,
semé de mouchetures d'un jaune
verdâtre, qui donnent au plumage un reflet métallique; les
côtés de la tête, la gorge et la
poitrine sont de même couleur,
mais plus pâles; le ventre est
blanc; les pattes sont noires.

Le pluvier doré se rencontre
dans toutes les parties de l'Europe; il niche en Angleterre et
dans toutes les contrées septentrionales, et, durant la mauvaise saison, il se montre dans
les pays méridionaux. Il vit en
bandes comme le vanneau et
souvent on le trouve mêlé avec
ce dernier oiseau; il habite les
terrains en jachères, les marais,

les bruyères ; à la fin de l'automne, on le rencontre fréquemment dans les prairies et l'hiver, par les grands froids, sur la côte de la mer.

Le pluvier doré est très-sauvage et l'on a d'autant plus de mal à en approcher qu'il se place toujours dans des endroits découverts qui lui permettent de surveiller les environs. Ce n'est qu'en les entourant que les chasseurs, quand ils sont assez nombreux, peuvent compter sur une bonne chance.

Autrefois, on tuait beaucoup de pluviers dorés à l'aide de la vache artificielle (voyez ce mot); on réussirait aussi à les approcher en se cachant derrière l'épaule d'un cheval.

Si une bande de plusieurs passe au-dessus de la tête d'un chasseur, celui-ci doit toujours tirer, quand même les oiseaux se trouveraient à trois portées de hauteur. Au bruit du coup de feu, ils descendront comme s'ils allaient tomber et offriront une excellente chance pour le second coup. Tout le monde a remarqué que les pigeons font le même mouvement, mais d'une façon moins marquée.

On peut chasser aussi le pluvier à l'aide de filets de 20 mètres de long sur 3 de large. On se sert pour appeau vivant d'un vanneau dont le cri attire aussi bien les pluviers que les oiseaux de sa propre espèce.

PLUVIER GUIGNARD. *Dotterel.* CHARADRIUS MORINELLUS. Voyez *Guignard.*

POCHETTE. C'est une sorte de petit filet dont le nom indique la forme et que l'on place aux coulées des bois par où les faisans et les perdrix ont coutume de passer.

L'oiseau qui s'engage dans la pochette l'entraîne d'abord avec lui ; mais à peine a-t-il fait quelques pas qu'une ficelle qui passe dans les mailles extérieures du filet se tend, ferme la pochette et du même coup maintient l'animal captif à l'endroit où il se trouve.

POIGNÉE. Terme de chasse aux filets. C'est un morceau de bois de 30 centimètres de long qui passe dans une boucle du tirant ou corde qui sert à fermer le filet.

POINT DE MIRE. Synonyme de guidon. C'est le bouton d'argent qui se trouve placé à l'extrémité de la bande des fusils et sert à guider l'œil du tireur.

Pointer.

POINTER. Cette illustre race de chiens a été exportée d'Espagne en Angleterre vers la fin du xviiie siècle ; en moins de cinquante ans, ces animaux étaient répandus non-seulement dans les trois royaumes, mais encore dans le monde entier ; les modifications que la race primitive avait subies dans cet espace de temps sont extrêmement considérables, et les pointers devinrent sans doute bien différents des animaux primitivement importés d'Espagne, car on ne trouve rien parmi les chiens indigènes de ce dernier pays qui ressemble au pointer actuel.

Le pointer peut être mis en toute première ligne parmi les chiens d'arrêt, et le développement si rapide de son espèce suffirait seul à prouver qu'elle répond à un besoin général. Ce chien n'a point de manières aussi séduisantes que le setter, mais il apprend mieux et retient plus complétement ce qui lui a été enseigné ; il transmet à sa progéniture une plus forte part de ses qualités acquises, de telle sorte qu'il existe, chez certains amateurs intelligents et soigneux, des races de pointers qu'il est presque superflu de dresser. Il ne manque pas d'exemples de jeunes pointers de cinq à six mois secondant volontairement leurs parents dans la recherche du gibier et tombant parfaitement en arrêt s'ils venaient à en rencontrer.

La filiation du pointer est inconnue ; beaucoup d'écrivains mettent en avant des suppositions diverses, mais sans les appuyer de preuves suffisantes.

Il est plus que probable que le chien courant, l'épagneul, le chien de renard et même le lévrier ont contribué à former cette race ou se sont mêlés à elle à diverses époques; la disposition à chasser à l'aide de l'odorat existe en principe chez l'immense majorité des chiens, et l'art de suivre un gibier à la piste peut leur être inculqué à presque tous en développant les instincts que leur a donnés la nature : mais il n'en est pas un seul qui possède un odorat plus subtil que celui du pointer et chez qui la docilité, la patience et une sorte de faculté raisonnante supérieure à l'instinct soient plus développés.

Pour posséder au point le plus élevé les qualités qui distinguent sa race, le pointer doit avoir le crâne large et les organes olfactifs bien développés. Ce qu'on recherche surtout, c'est une tête forte, contenant par conséquent une cervelle considérable ; de larges naseaux et des babines pendantes, qui sont l'accompagnement ordinaire de puissantes facultés olfactives et qui se rencontrent aussi chez les bonnes espèces de chiens courants.

Le pointer primitif, tel qu'il a été importé d'Espagne, était grand et lourd; ses membres étaient vigoureux, ses pieds d'une dimension considérable, sa queue petite, son museau large, sa tête lourde, ses oreilles larges et pendantes, quoique moins développées que celles du chien courant. Il chassait lentement en remuant la queue et, à cause de son poids, se fatiguait promptement. Quatre heures de travail par jour étaient tout ce qu'on pouvait exiger de cet animal qui a été supplanté par la race moderne, mais dont on rencontre encore parfois des échantillons.

Il y a actuellement deux variétés de pointers de taille différente ; les grands qui ont la taille un peu supérieure à celle du setter, sont d'ordinaire ou noirs ou tachetés de noir et de blanc; on en voit aussi de jaunes, mais ils sont plus rares. Les petits, dont la taille est inférieure à celle de l'épagneul anglais, sont presque toujours noirs.

POINTER. Terme de chasse aux filets ; lorsqu'un oiseau placé dans l'espace qui sépare les deux nappes s'élève perpendiculairement au moment où le filet est mis en mouvement, il réussira presque infailliblement à s'échapper. Ce cas est du reste très-rare ; il n'y a guère que la farlouse et l'ortolan qui y aient parfois recours.

En termes de chasse à tir, on dit qu'une perdrix pointe quand, après avoir essuyé un coup de feu, on la voit s'élever perpendiculairement à une grande hauteur. Ce mouvement ascensionnel s'arrête tout à coup et l'oiseau tombe comme une balle. Si le chasseur la retrouve, il remarquera invariablement que cette perdrix avait été blessée à la tête.

POIRE A CAPSULES. Bon nombre de modèles différents de cet instrument ont été inventés ; il y en a de longs, de ronds, d'autres en forme de poire, etc. Le meilleur système ou plutôt le seul qui ne soit pas absolument mauvais est une sorte de tube de dix centimètres de long dans lequel on place une seule rangée de capsules ; un ressort de l'espèce la plus simple comble les vides de la boîte et chasse les capsules vers l'orifice. Ces poires à capsule ont cet avantage que les amorces ne peuvent se renverser, comme il arrive pour les autres, mais la plupart des chasseurs préfèrent et avec grande raison, pla-

cer les capsules dans leur gousset.

POIRE A POUDRE. Cet ustensile indispensable du chasseur à tir a beaucoup d'importance et s'il est de fabrication défectueuse, il peut donner lieu à des accidents très-graves. Ainsi il arrive, surtout si le fusil est considérablement encrassé, que la charge de poudre, au moment où on l'introduit dans le canon, prend feu au contact d'un débris de papier ou d'étoupe enflammé ; cette explosion, si elle se communique au contenu de la poire à poudre, fait éclater celle-ci et peut occasionner au chasseur des blessures graves.

On a souvent recommandé pour rendre ce funeste accident impossible, l'emploi de poudrières dont le mécanisme sépare absolument la charge du corps de la boîte, mais le petit nombre d'instruments de ce genre que l'on rencontre semble établir la répugnance qu'ont les chasseurs en général à recourir à un mode compliqué. Le système ordinaire, du reste, où la charge est séparée par un ressort est à peu près aussi bon, si la fabrication n'en laisse rien à désirer, mais il faut éviter surtout l'emploi de ces boîtes de pacotille qui se vendent à bas prix chez les quincailliers. Il y a d'ailleurs un mode d'opérer qui écarte toute crainte d'explosion et épargne souvent au chasseur l'inconvénient d'un raté ; c'est l'usage de flamber les cheminées en brûlant des capsules chaque fois que l'on recharge son arme.

Les poires à poudre sont ordinairement construites en cuivre bronzé, en argent neuf ou en métal recouvert de cuir. Toutes sont également bonnes, mais il faut rejeter les boîtes en corne qui se fendillent et se déforment par suite de l'influence de l'humidité et de la chaleur.

Le bec des poires à poudre est ordinairement muni de degrés qui permettent de graduer la charge, mais il faut s'assurer avant d'en choisir une si sa charge minimum n'est point trop forte, ou sa charge maximum trop faible pour le fusil dont on se sert.

La poire à poudre ne doit pas être portée en bandouillère, mais placée dans une poche, afin que son contenu ne soit point ballotté, ce qui cause une grande déperdition de la force de la poudre par suite de la formation du pulvérin.

PONT. Terme de chasse aux filets. Il arrive parfois qu'en fermant le filet les deux nappes restent accrochées par l'extrémité des barres. On dit alors qu'elles forment le pont. Si l'oiseau pris ne se trouvait pas rapproché de l'une des deux extrémités du filet, il est rare qu'il réussisse à s'échapper avant que le chasseur ait eu le temps de décrocher les nappes.

PORC-EPIC. *Porcupine.* Cet animal a les mœurs du blaireau dont il ne diffère que par la cuirasse naturelle dont son corps est entouré. Il se creuse de profonds terriers presque toujours situés au pied des rochers.

En Algérie, les indigènes s'adonnent avec passion à la chasse du porc-épic ; lorsque leurs chiens leur ont signalé la présence du gibier au fond d'un terrier, les chasseurs ouvrent la tranchée ; puis, quand l'animal est acculé dans son fort, et que l'on en a élargi l'entrée, un enfant, aussi mince qu'il a été possible de le trouver, s'introduit dans le canal armé d'une lance dont il transperce le gibier.

PORCHAISON. C'est l'état dans lequel se trouve le sanglier à l'époque de l'année où

il est le mieux en chair, c'est-
à-dire vers le mois d'octobre.

PORT D'ARME. C'est le nom
que l'on donne en Belgique au
document dont les chasseurs
doivent faire l'acquisition pour
qu'il leur soit permis de poursuivre le gibier munis d'un fusil
ou de toute autre arme de
chasse. Le port d'arme coûte
32 francs ; pour l'obtenir il faut
posséder des terres d'une éten-
due d'au moins 100 hectares
situées dans la même commune
ou dans des communes adja-
centes ou fournir une autorisation de chasser signée d'un pro-
priétaire qui se trouve dans les
conditions ci-dessus désignées
et légalisée par le bourgmestre
de la ville ou de la commune.

Cette autorisation faisant partie du dossier n'est point resti-
tuée à la personne qui l'a produite.

La pièce de même nature
porte en France le nom de permis de chasse (voyez ce mot).
Cette désignation est beaucoup
moins heureuse, parce que, en
matière de chasse à courre par
exemple, elle exige une inter-
prétation. En Belgique, au contraire, la chose est toute simple ;
les veneurs qui portent le couteau de chasse sont seuls tenus

d'être munis de port d'arme et
ceux qui suivent la chasse sans
y prendre de part active peuvent
se dispenser de cette formalité.

Pour obtenir en Belgique un
port d'arme, il faut se faire
donner d'abord par le commis-
saire de police un certificat de
moralité, puis verser le montant
du timbre dans les bureaux du
gouvernement provincial, où la
pièce vous est délivrée au bout
de quelques jours.

PORTE-CAGES. Terme de
chasse aux filets. C'est une
sorte de châssis auquel on accroche toutes les petites cages
des oiseaux appelants pour se
rendre en campagne et en revenir. Les chasseurs parisiens
n'emploient pas le porte-cage ;
ils placent tous leurs appeaux
vivants dans une hotte, ce qui
est préférable parce que ceux-
ci ne se fatiguent point inutilement pendant la route et pendant que l'on tend les filets.

PORTÉE. En termes de chasse
à tir on donne ce nom à la distance maximum à laquelle un
fusil chargé à plomb produit un
résultat effectif. Le fusil de
chasse a trois portées : la portée
directe, la portée sûre et la portée incertaine.

La portée directe est celle à laquelle le tireur peut se dispenser de tenir compte de la déviation du plomb et du temps nécessaire à l'explosion de l'arme et viser par conséquent au centre du but. Cette portée n'excède jamais 20 mètres.

La portée sûre est celle à laquelle le tireur qui a visé juste est certain d'abattre son gibier ; cette portée ne dépasse jamais 40 mètres, mais elle peut être moindre si l'animal est très-fort ; ainsi, à 40 mètres, un perdreau bien visé doit être abattu, mais il n'en serait pas de même d'une oie ou d'un cygne.

De ce que nous venons de dire, il résulte que la portée incertaine est celle qui dépasse 40 mètres parce que le tireur n'est plus certain d'abattre son gibier, de quelque façon qu'il ait visé.

Un tireur de premier ordre est celui qui abat trois perdreaux sur quatre à 50 mètres et deux sur quatre à 55 mètres. Au delà de cette dernière distance, il ne faudrait jamais tirer, car c'est courir la chance presque inévitable de blesser le gibier sans profit pour personne.

PORTÉES. Terme de chasse à courre. Les portées constituent l'un des moyens de juger le cerf. Ce sont les traces que le bois de l'animal laisse dans le taillis, telles que les écorchures des branches, les déchirures des feuilles, etc. Plus les portées seront hautes, plus le cerf sera présumé vigoureux.

PORTER LA HOTTE. Terme de chasse à courre. On dit qu'un lièvre porte la hotte quand il est sur ses fins ; il a alors le dos arrondi, ce à quoi il faut attribuer l'origine de cette expression.

POSTE. Voyez *Chasse au Poste.*

POUDRE. La poudre de chasse se compose de trois éléments : le salpètre, le soufre et le charbon ; ces ingrédients doivent d'abord être réduits en poudre impalpable, puis amalgamés de la façon la plus intime. Les doses varient suivant les pays, mais les plus généralement adoptées sont les suivantes : 75 parties de salpètre, 13 de charbon, 12 de soufre. En France, la proportion est celle-ci : 80 parties de salpètre, 14 de charbon, 6 de soufre : nous la croyons inférieure à la précédente.

Quand les divers éléments constitutifs de la poudre sont réunis et intimement mêlés, la matière obtenue doit être grainée, opération difficile et de la bonne exécution de laquelle dépend ordinairement la qualité du produit. Un autre point d'une importance majeure, c'est la pureté parfaite des matières premières; ainsi, le salpêtre doit être dépouillé autant que possible du sel marin qu'il contient presque toujours. Moins il restera de sel, et moins la poudre sera susceptible de s'imbiber, au point que si cet ingrédient pouvait être absolument éliminé, la poudre pourrait sans grand inconvénient séjourner dans un endroit humide; du moins elle récupérerait toutes ses qualités dès qu'on l'aurait fait sécher, ce qui arrive rarement dans la pratique.

Il ne suffit pas que la poudre soit bien grainée et que les ingrédients qui la composent soient purs; il faut encore que ceux-ci soient intimement mêlés pour que la volatilisation soit immédiate et le produit sans défaut.

La bonne poudre n'est pas absolument noire; elle est d'un gris foncé un peu ardoisé; si l'on en met une pincée dans un verre d'eau, plus le nombre de grains qui se précipiteront au fond sera considérable et meilleure sera la poudre au point de vue du moins du mélange parfait des ingrédients.

Pour s'assurer de la pureté de ceux-ci, on place une pincée de la poudre sur une feuille de papier blanc et l'on y met le feu à l'aide d'un fil de fer rougi. Si la poudre est bonne, le papier sera seulement taché de marques grisâtres; si elle est mauvaise, il sera brûlé à certains endroits. Autrefois, la poudre anglaise était préférée à toute autre, à cause de sa force supérieure; aujourd'hui, on sait faire partout de la poudre forte, mais les productions anglaises ont conservé le double avantage de crasser moins les armes et de donner un tir plus régulier, grâce à leur plus complète homogénéité.

Quant à la force de la poudre, l'instrument qui porte le nom d'éprouvette (voir ce mot) l'établit mathématiquement.

La poudre se détériore surtout par deux causes : la première, c'est l'humidité, la seconde, c'est le ballottage causé par un long transport dans la poire à poudre ou par de longs voyages qui finissent par réduire la poudre en poussière. Ces deux causes produisent des effets identiques ; la combustion est moins instantanée et la force diminuée notablement, car une partie de la poudre ne prend feu qu'après être sortie du canon, quand elle n'a plus d'effet sur le projectile.

Avant de se mettre en chasse il est presque toujours utile de faire sécher la poudre, ce qui n'offre pas de danger quand l'opération est exécutée prudemment. Le meilleur moyen consiste à faire chauffer deux ou trois plats de porcelaine, après quoi on fait passer la poudre de l'un à l'autre jusqu'à ce qu'ils se soient refroidis. Quand la poudre a été séchée bien soigneusement et qu'on l'a placée dans une boîte de métal ou de porcelaine hermétiquement fermée, on pourra la conserver très-longtemps sans qu'elle se détériore, mais il ne faut pas oublier que si elle a été fort imprégnée d'humidité l'opération du séchage ne lui rendra, dans la plupart des cas, qu'une partie de ses qualités.

POUDRE-COTON. Composition qui peut servir à charger les armes à feu, mais qui n'a point les avantages de la poudre ordinaire. On la fabrique en trempant dans un mélange d'acide nitrique et d'acide sulfurique de l'ouate que l'on fait ensuite sécher lentement à une température de 60 à 80 degrés.

Cette substance a, pour le même poids, une force à peu près triple de celle de la poudre ordinaire, mais sa puissance est cinq fois moindre que celle de cette dernière à volume égal. Une charge moyenne occuperait donc dans un fusil un espace de 8 ou 9 centimètres et cette circonstance suffirait à faire rejeter cette matière pour la chasse quand même il ne serait point constaté qu'elle crasse énormément les armes, qu'elle les détériore rapidement et que son emploi serait de nature à augmenter de beaucoup la moyenne des accidents.

POUDRIÈRE. Voyez *Poire à poudre*.

POUILLEUX. Terme de chasse à tir. On applique ce terme aux perdreaux très-jeunes qui n'ont guère dépassé la grandeur de la caille et qui ne sont pas encore maillés. Le chasseur qui tire un pouilleux se couvre de ridicule.

POULE D'EAU. *Moorhen.*
Furlica Chloropus. Cet oiseau
appartient à l'ordre des échassiers, famille des gallinulés. Cet
oiseau est à peu près de la taille
du ramier : son plumage est
d'une teinte très-sombre presque uniforme, ses pattes sont
verdâtres.

La poule d'eau habite les
marais, les étangs, les petits
cours d'eau, surtout lorsque les
bords en sont couverts d'ajoncs
et de plantes aquatiques. Elle
est très-facile à tirer, car son
vol est direct et d'une grande
lenteur ; comme le râle, elle
laisse pendre ses longues pattes,
mais comme ce dernier oiseau
également, elle montre la plus
vive répugnance à prendre son
vol. Cet oiseau est très-agile et
quand il se voit pressé par le
chien, il se glisse entre les
joncs, plonge, se dérobe et met
souvent en défaut la patience
et la sagacité du meilleur griffon. Quand une poule d'eau
lève au bord d'un étang, il arrive d'ordinaire, si elle a été
manquée ou si elle est partie
hors de portée, qu'elle va se remettre sur le bord opposé. Mais,
bien que le chasseur ait marqué à un mètre près la place où
elle s'est abattue, il n'arrive
pas toujours qu'il parvienne à
lui faire de nouveau prendre
son vol. On dirait que comme
le râle, cet oiseau a la conscience du peu de chance qu'il
conserve d'échapper au plomb,
une fois qu'il a levé.

Il est facile de comprendre
que pour cette chasse on ne
saurait employer de chien trop
persévérant et trop courageux.
Il devra sans cesse se jeter à
l'eau et pénétrer sous les touffes
d'ajoncs pour parvenir à accu-
ler l'oiseau, et dans ce cas
même, on a vu des poules d'eau
qui se pressaient si peu de
prendre leur vol qu'elles se
laissaient happer par le chien.

Les jeunes de la poule d'eau
courent et volent dès qu'ils sont
mis au monde, mais ils ont
affaire à de nombreux ennemis
parmi lesquels les foulques ne
sont pas les moins acharnés. Si
l'on veut donc favoriser sur un
étang la reproduction des poules d'eau, il faut poursuivre
vivement les foulques qui le fréquentent.

PROYER. *Bunting.* Emberiza
Milliaria. Le proyer comme
l'ortolan est une variété du
bruant ; cet oiseau est un peu
plus gros que le bruant jaune ;
il est très-fin et très-défiant,
aussi le manque-t-on le plus

souvent, quand au lieu de tomber droit dans le filet il se pose soit à terre, soit sur un arbre. Les proyers qu'on vient de prendre sont extrêmement farouches et il est indispensable de les mettre d'abord dans un tambour, car ils se tueraient en se jetant sur les barreaux d'une cage. Les proyers sont assez abondants dans le midi de la France; dans le nord de ce pays et en Belgique, on ne les prend qu'exceptionnellement.

PUG. C'est une espèce de petits chiens d'agrément, autrefois répandue sur le continent sous le nom de Carlin et devenue extrêmement rare. Les Anglais qui ont tant fait pour l'amélioration et la conservation de toutes espèces d'animaux ont sauvé cette jolie race qui s'était absolument perdue dans toutes les autres contrées.

Le pug est d'apparence générale massive et ramassée, les jambes sont courtes et l'individu tout entier a un aspect de vigueur qui n'exclut pas l'élégance du contours. La couleur est fauve plus ou moins foncé avec masque noir; les tons les plus clairs unis au masque le plus foncé sont les plus recher-chés; le long du dos, on voit d'ordinaire une ligne d'un poil plus foncé. Le poil est court, épais et soyeux, la tête ronde, le front haut, le nez court, la face aplatie; les oreilles sont naturellement courtes et retombantes, mais il faut toujours les couper. La queue se retourne sur le dos; on remarque que chez les mâles elle retombe sur la cuisse droite et sur la cuisse gauche chez les femelles. La taille du pug est de 20 à 25 centimètres, son poids varie de 6 à 10 livres.

Le prix des pugs de race pure et de belle qualité s'élève à Londres de 20 à 35 guinées.

PULVÉRIN. On donne ce nom à la poudre qui n'a pas encore été grainée; c'est un simple mélange de salpêtre, de charbon et de soufre pilés. Le pulvérin a une certaine force, et dans une arme d'une certaine longueur il pourrait produire quelque effet, mais sa force n'est rien en comparaison de celle de la poudre grainée.

Quand la poudre a été écrasée par un long transport et qu'elle n'est plus que poussière, on dit qu'elle a été réduite à l'état de pulvérin; en effet, dans cet état, elle n'a guère

plus de force que cette dernière
matière.

PUMA. *Cougar*. Felis Conco-
lor. Cet animal s'appelle aussi Couguar et Lion d'Amérique.
(Voir ce dernier nom.)

PUTOIS. *Polecat.* Voyez
Fouine.

24.

QUARTAN ou QUARTA-
NIER. Terme de vautrait. On
donne ce nom au sanglier de
quatre ans. Ce sont les quarta-
niers qui sont les plus redoutables de tous les sangliers, parce
que chez les animaux plus âgés,
les défenses se sont recourbées
au point qu'elles trouvent prise
avec moins de facilité.

QUATRE DE CHIFFRE. Le
quatre de chiffre n'est point un
piége ; c'est tout simplement
une détente qui peut s'appliquer
à presque toutes les espèces de
piéges et notamment aux mésangettes, aux trébuchets, etc.

Sa forme qui ressemble tout
à fait à un 4 lui a valu son
nom.

QUATRIÈME RELAI. En matière de vénerie régulière, on ne connaît que trois relais ; en placer davantage serait sortir de toutes les règles et de tous les usages. Quand après avoir découplé le dernier relai ou relai de six chiens, on s'aperçoit que l'animal a encore grande chance d'échapper, on peut chercher à mettre fin à la poursuite par un coup de carabine. C'est ce coup de fusil que les veneurs appellent plaisamment : quatrième relai.

QUATRIÈME TÊTE. Terme de chasse à courre. On donne ce nom au cerf de cinq ans ou au daim du même âge. L'animal de cet âge a ordinairement de huit à dix andouillers. En perdant la dénomination de quatrième tête, le cerf devient dix-cors-jeunement.

QUATROUILLÉ. On donne ce nom aux chiens qui ont du poil d'une couleur différente de celle qui fait le fond du pelage disséminé sur le corps.

QUÊTE. Ce mot a trois significations différentes selon qu'on l'applique à la grande vénerie, à la petite vénerie ou à la chasse à tir. En matière de grande vénerie, le mot de quête est synonyme de l'expression : « Faire le bois » (voir au mot *Cerf*). En matière de Billebaude, la quête est l'acte de découpler les chiens à l'endroit où l'on espère trouver un lièvre ou un renard.

Enfin, la quête en termes de chasse à tir est encore la recherche du gibier par le chien et la façon dont s'y prend celui-ci pour quêter est un des points les plus importants du dressage du chien d'arrêt.

RABATTRE. Terme de chasse à courre. On dit qu'un limier se rabat quand, saisissant une voie, il tire sur le trait.

En matière de chasse à tir on emploie le même mot pour exprimer l'acte des traqueurs qui foulent une partie de bois en se dirigeant vers les tireurs.

Rabattre un oiseau, en langage d'oiseleurs, c'est le faire lever quand il s'est posé à terre à quelque distance du filet et le pousser dans la direction de celui-ci.

RABOUILLÈRE. On appelle ainsi les trous que la lapine

creuse à quelque distance de son terrier pour y déposer ses petits et les soustraire à la voracité du mâle qui les mangerait s'il les trouvait. Presque toujours la lapine a fait trois ou quatre de ces trous avant de mettre bas.

RACCOUPLER. Terme de chasse à courre. C'est rattacher les chiens par couples.

RACCOURCIR. Terme de chasse à courre; c'est enlever les chiens de la voie pour les y remettre à quelque distance en leur épargnant les détours qu'a pu faire la bête de meute que l'on a aperçue un peu plus loin.

RACCOURCIR L'ENCEINTE. Quand le valet de limier a la certitude que le cerf a pénétré dans une enceinte de vaste dimension, il cherchera le plus souvent à savoir dans quelle partie l'animal est retraité. Pour cela, il suffit de traverser l'enceinte par le milieu avec le limier. Si celui-ci ne se rabat pas, c'est que l'animal est resté dans la moitié de l'enceinte située du côté de son entrée. Si au contraire le limier rencontre la voie du cerf, il faut en conclure que celui-ci a pénétré dans la partie de l'enceinte la plus éloignée de son entrée. C'est cette opération que l'on appelle raccourcir l'enceinte.

RAFFINÉ. Terme de chasse aux filets. On donne ce nom aux oiseaux qui habitent les environs de l'endroit où le chasseur aux filets établit sa tendue; comme ils ont eu l'occasion de voir à plusieurs reprises le filet s'ouvrir et se fermer, on dit qu'ils sont raffinés, car il n'y a pas la moindre chance de les prendre.

RAFLE. C'est un filet composé de deux aumées et d'une nappe placée au milieu; ce filet est porté verticalement par deux personnes et il sert à prendre les oisillons pendant la nuit; on s'établit près d'une haie, et après avoir allumé derrière le rafle un fallot vers lequel les oiseaux se dirigent toujours, on bat les buissons. Les oisillons en se jetant dans le rafle y restent pris, car l'instrument fonctionne absolument comme le hallier. On peut se livrer à la même chasse avec une nappe simple. Dans ce cas, les personnes qui tiennent le filet doivent le laisser tomber aussitôt qu'un oiseau se jette sur les mailles, et la nappe doit former un arc de cercle bien prononcé.

RAGOT. Quand les jeunes sangliers de la même portée se séparent les uns des autres, ils perdent le nom de bêtes de compagnies pour prendre celui de ragots qu'ils gardent depuis deux jusqu'à trois ans.

RAILÉS. Terme de chasse à courre. On dit que les chiens sont bien railés quand tous ceux qui composent la meute sont exactement de même taille.

RAIRE. Cri du cerf qu'il ne fait entendre qu'à l'époque du rut.

RALE D'EAU. *Waterrail.* Rallus Aquaticus. Le râle d'eau que quelques chasseurs confondent avec le râle de genêt en diffère essentiellement; son plumage est moins brillant, sa taille inférieure et son bec seul, qui a une longueur double de celui du râle de genêt, suffirait à les faire reconnaître. Les mœurs des deux oiseaux ne sont pas moins distinctes; tandis que le râle de genêt habite de préférence les prairies et les bois, le râle d'eau ne se rencontre que dans les localités marécageuses, sur les étangs ou les ruisseaux ou parmi les roseaux.

Quoique fort enclin à se dérober devant le chien et à refuser de prendre son vol, le râle d'eau n'est pas sous ce rapport aussi obstiné que le râle de genêt et à l'aide d'un bon chien on le verra lever au bout de quelques minutes de poursuite. Mais si le chien n'est pas excellent, il est fort à craindre que l'oiseau ne le mette bientôt en défaut; parfois, le râle s'enfonce tout le corps sous l'eau en laissant seulement passer le bec pour respirer, et il reste dans cette position jusqu'à ce qu'il se trouve sous le nez du chien; il plonge alors et reparaît un peu plus loin, mais après trois ou quatre efforts successifs pour dérouter la poursuite de l'ennemi, il prend d'ordinaire le parti de s'envoler, ce que le râle de genêt ne fait que quand il se voit positivement acculé. Il faut se défier à l'endroit du râle d'eau d'une ruse qu'emploie également la perdrix rouge; s'il rencontre dans sa fuite un arbre bas-branché ou un buisson, il s'y perche souvent à quelques pieds de terre et défie dès lors l'odorat du chien le mieux doué.

RALE DE GENÈT. *Landrail.* Rallus Crex. Le râle appartient à l'ordre des échassiers, famille des poules d'eau. Il a une longueur de 23 à 24 centimètres et pèse 225 à 250 grammes. Il a le bec et les yeux brun-clair, la partie supérieure du corps, d'un brun sombre, chaque plume étant bordée d'une teinte de rouille ; les ailes sont marron foncé, la gorge et la poitrine de couleur cendrée, les jambes d'un rouge terne.

Râle de genèt.

On rencontre cet oiseau dans les prairies un peu marécageuses, dans les grandes herbes, les genêts et les bois humides ; il est impossible de se méprendre à son cri que Daniel compare au bruit que produisent les dents d'un peigne vivement raclées. On ne peut guère mieux rendre ce cri qu'au moyen des lettres qui forment le nom latin de l'animal : *crex.*

Il se nourrit de sauterelles et de toutes sortes d'insectes.

Le râle est, de tous les gibiers, le plus difficile à faire lever ; ses pattes se meuvent avec une agilité remarquable et ses enjambées sont énormes relativement à sa taille ; aussi, échappe-t-il souvent aux chiens quand ils tiennent longtemps l'arrêt. Cette chasse est très-nuisible aux jeunes chiens dont le dressage n'est pas tout à fait complet. S'ils rencontrent fréquemment cet oiseau, ils contractent l'habitude de forcer leur arrêt pour se jeter sur le gibier.

Une fois qu'il est acculé et qu'on est parvenu à le faire lever, le râle est extrêmement facile à tirer ; son vol est lourd, lent et direct ; il laisse pendre ses grandes pattes et présente un but facile à atteindre ; alors même qu'on ne le toucherait qu'aux pattes il tomberait entre les mains du chasseur, car son vol n'est jamais de plus de cent mètres et l'animal blessé aux pieds sera bientôt pris par le chien. Si on l'a manqué on a encore bien plus de mal à le faire partir pour la seconde fois.

Le râle est un oiseau de passage ; il arrive dans nos contrées en même temps que les cailles et les quitte avec celles-ci ; souvent on le rencontre dans des prairies où sont répandues des bandes de cailles, ce qui lui a sans doute fait donner le nom de roi des cailles qu'il porte dans plusieurs contrées en France.

Un excellent chien sur le dressage duquel son maître peut compter a rarement une meilleure occasion de faire preuve de ses qualités que dans la poursuite du râle de genêt qui exige une patience, une adresse, et une finesse d'odorat à toute épreuve.

RALLIER. Terme de chasse à courre. C'est l'acte d'enlever les chiens d'une mauvaise voie pour les remettre sur la bonne. Quand les chiens sont bons ils rallient souvent eux-mêmes.

RALY ! C'est le cri du veneur pour rassembler les chiens qui se sont séparés de la meute. C'est aussi le nom d'une célèbre société française de chasse à courre.

RAMAGE. On donne le nom de ramage au chant du printemps des mâles des oiseaux chanteurs, et aussi au chant que font entendre à l'automne les oiseaux qui ont été soumis à la mue forcée.

RAMÉE. Terme de chasse aux filets. C'est un petit cordon d'arbrisseaux ou de branches feuillues d'une hauteur de deux pieds que l'on place dans l'intérieur des filets. On nomme nappe ronde celle qui en se fermant vient recouvrir la ramée ;

l'autre nappe se nomme nappe plate.

RAMEUTER. Terme de chasse à courre. Lorsqu'on a enlevé les chiens d'une fausse voie, il faut les *rameuter* sur la bonne. Cette expression est donc à peu près équivalente à celle de *raccourcir*.

RAMIER. *Ring*. COLUMBA PALUMBAS. Cet oiseau, le biset et la tourterelle, constituent les différentes espèces de pigeons sauvages qui se rencontrent dans nos contrées; le ramier est le plus commun des trois et, après la tourterelle, c'est celui dont la chair est la plus recherchée, surtout si l'oiseau n'a pas été nourri presque exclusivement de navets et si on l'a laissé suffisamment mortifier.

Il existe pour tirer les ramiers diverses méthodes, qui, comme celles qui s'appliquent à tous les autres oiseaux très-farouches, consistent principalement à les attendre, ce qui vaut toujours beaucoup mieux que de les poursuivre. Certains chasseurs se cachent dans les arbres où ces oiseaux ont coutume de s'abattre vers le coucher du soleil; d'autres, après la chute des feuilles, vont les surprendre sur leur perchoir par une nuit claire, comme font les braconniers pour tirer les faisans. Ce dernier procédé n'est bon que lorsqu'il n'y a pas de taillis sous les arbres, car le moindre bruissement dans les broussailles met les ramiers en fuite. Pour cette raison, ils peuvent servir à donner le signal aux gardes-chasses, quand des braconniers profitent de la violence du vent pour pénétrer dans une chasse gardée. Beaucoup de ramiers sont tués pendant l'été près des étangs, où ces oiseaux, comme les tourterelles, viennent se désaltérer; mais un moyen supérieur à tous ceux que nous avons indiqués, est celui qui consiste à les tirer quand ils s'abattent dans un champ de navets par un temps de neige. S'il gèle assez fort pour que l'on ne puisse s'en approcher sans faire du bruit sur la glace, il faut, après les avoir fait lever, attendre leur retour sous le vent. Si l'on peut trouver un endroit convenable dans une haie, cela vaut mieux que d'établir des claies couvertes de paille, comme cela se fait souvent, car les ramiers peuvent s'en inquiéter et aller chercher plus loin leur nourriture. Ces oiseaux se voient souvent sur les hêtres où ils se nourrissent de faînes.

Pour tirer des ramiers autour d'une sapinière, il faut envoyer quelqu'un du côté opposé à celui où l'on se trouve, pour les chasser ; sans cette précaution, neuf fois sur dix ils disparaîtront à l'abri de l'arbre d'où ils s'envolent. Lorsqu'on attend, caché dans le taillis, on peut souvent d'une même place tirer nombre de ces oiseaux qui viennent s'abattre dans les buissons.

Il est une chose qu'il importe de ne jamais oublier, c'est que le ramier, aussitôt qu'il se branche, commence par reconnaître sa position, afin de s'assurer qu'il ne court aucun danger ; et si l'on remue un doigt au moment où il s'abat, il prend immédiatement son vol, tandis que si l'on reste parfaitement immobile pour lui donner le temps de se rassurer, on pourra au bout de quelques instants le tirer aussi aisément qu'une chouette.

Bien que le ramier construise rarement son nid ailleurs que dans des arbres verts, tels que les ifs, les sapins, etc., on a vu de ces oiseaux pénétrant dans un colombier, y faire leur nid en compagnie de pigeons domestiques, y couver leurs œufs, et n'abandonner la place que lorsque leurs petits étaient en état de les suivre.

A l'époque où les jeunes ramiers quittent leur nid, ils sont sans aucune défiance ; on peut les approcher à toute distance et rien n'est plus facile que de les abattre.

RAMIERS. On donne ce nom aux branches coupées des arbres abattus. Les bouts des ramiers sont fort goûtés par le fauve.

RAMURE. C'est l'ensemble de la tête des cerfs, daims ou chevreuils, comprenant le bois, ou tête proprement dite, et le massacre.

RANDONNÉE. Terme de chasse à courre. On donne le nom de randonnées aux circuits que fait un animal dans son canton, autour de l'endroit où il a été lancé.

RAPPELER. Au moment où le soleil vient de se coucher, on entend les cris des perdreaux dont les compagnies ont été dispersées dans la journée et qui cherchent à se réunir. C'est ce qu'on nomme le rappel. Les perdreaux qui rappellent sont très-vigilants et ne laissent jamais le chasseur venir à portée.

RAPPORT. C'est le compte-rendu minutieux présenté par le valet de limier ou celui qui a fait le bois de l'ensemble des opérations auxquelles il s'est livré. Le rapport doit mentionner tous les incidents quels qu'ils soient : la rencontre d'animaux non courables, les indices du pied, des portées, des foulées, des allures, des fumées.

Quand plusieurs valets de limier ou piqueurs ont été faire le bois, tous les rapports ayant été entendus, le chef de l'équipage décide quel animal on ira lancer.

RAPPORTER. Sur le Continent le rapport est considéré comme l'un des offices indispensables du chien d'arrêt; on lui enseigne cet art avant tout autre dressage au moyen d'un chevalet monté sur deux pieds triangulaires. Les jeunes chiens prennent très-rapidement goût à cet exercice. La plupart des races de pointers de premier ordre ne rapportent point; les chasseurs anglais laissent ce soin au retriever qui va ramasser le gibier et le recherche,

s'il est égaré ou démonté. Les bons chiens de cette race rapportent avec une adresse et une délicatesse de dent dont aucune autre espèce n'est capable.

RAPPROCHÉ. Terme de chasse à courre. C'est l'acte des chiens par lequel ils diminuent la distance qui les sépare de l'animal qu'ils quêtent. On donne aux meilleurs chiens l'épithète de bons rapprocheurs.

RAQUETTE. Ce piége beaucoup plus simple que le collet à ressort a à peu près le même effet. C'est un cordon disposé de manière à se tendre par suite de la pression exercée sur un petit perchoir par le poids d'un oiseau qui s'y pose. Le cordon, tendu par l'action d'une baguette flexible ou d'un ressort simple en acier ou en fil de fer saisit l'oiseau par les pattes. On peut amorcer la raquette au moyen de n'importe quel appât et la faire de toutes dimensions selon l'espèce d'oiseau qu'on veut prendre.

RASER. On dit qu'un lièvre se rase quand il se couche tout à coup pour laisser passer sur lui la meute qui le poursuit. Cette expression s'applique également au chevreuil et au cerf. Elle est synonyme de relaisser.

RATÉ. Le raté est un des inconvénients les plus graves des fusils à baguette; il arrive fréquemment par les temps humides et brumeux, ou lorsque l'on a chargé l'arme avec trop de précipitation. Il est bon pour prévenir les ratés de faire usage de l'instrument qui porte le nom d'amorçoir et qui sert à remplir de poudre les cheminées du fusil. Avec le fusil Lefaucheux, le raté est devenu à peu près impossible.

RAT MUSQUÉ. *Musk-Rat.* Fiber Zibeticus. Cet animal qui appartient à la Nord-Amérique a beaucoup de ressemblance avec le castor; ses formes sont arrondies et ramassées, son museau écourté, ses oreilles courtes et ensevelies dans la fourrure; il porte comme le chat des moustaches composées de quelques poils fort raides, des petits yeux de couleur foncée et des griffes aiguës. Comme le castor, la nature l'a muni d'une queue plate, dépourvue de poils et écailleuse, mais une différence essentielle consiste en ce que la queue du castor est comprimée horizontalement, tandis que celle du rat musqué est placée sur un plan vertical. Sa taille est de la moitié environ de celle du castor, sa longueur totale n'excédant pas 50 centimètres; comme le rat commun il jouit du privilége de contracter son corps de façon à passer par des ouvertures qui semblent de moitié trop étroites pour lui livrer passage.

Durant l'hiver les rats musqués se logent dans de petites huttes, construites sur la glace, et sans ouverture apparente; ces huttes ont une communication avec l'eau que les animaux ont soin d'entretenir en cassant la glace à mesure qu'elle se forme. Les Indiens qui se livrent à la chasse du rat musqué sur les lacs où se trouvent les huttes de ces animaux procèdent de la façon suivante.

Ils commencent par percer à l'aide d'un ciseau quatre petits trous dans la glace, placés chacun à une distance de deux pieds de la hutte et en forme de croix. Cela fait, ils attendent que les animaux que le bruit a sans doute chassés sous l'eau se soient rassurés et aient eu le temps de regagner leur asile. Alors, ils déploient un filet carré et à l'aide d'une longue perche ils parviennent sans aucun bruit à faire passer un des coins du filet par chacun des quatre trous. Cette opération qui demande beaucoup d'adresse une fois terminée, le reste est fort simple. Les rats musqués étant enfermés dans la hutte grâce au filet qui intercepte le passage entre celle-ci et l'eau, il n'y a plus qu'à enlever, à l'aide d'une hache la partie supérieure de la hutte et à tuer les animaux qui, éblouis par la clarté subite du jour ne songent ni à fuir ni à résister. Les Indiens éprouvent parfois, durant les années très-froides, le désappointement de ne trouver au fond des huttes que les squelettes des animaux qu'ils cherchaient; si ceux-ci ont négligé de briser la glace à des intervalles très-rapprochés, il arrive qu'elle soit devenue assez solide pour défier leurs forces et qu'ils périssent de faim.

RATON. *Raccoon.* PROCYON LOTOR. C'est un des animaux sauvages les plus répandus de l'Amérique du Nord. Un naturaliste en a fait la singulière description que voici : Les jambes de l'ours, le corps du blaireau, la tête du renard, le nez du chien, la queue du chat. Le raton est de la taille du renard, mais ses formes sont plus ramassées ; son museau extrêmement pointu est adapté à l'habitude qui caractérise cet animal, de le fourrer dans tous les coins, en quête d'araignées, de cloportes et d'autres insectes. Sa queue est superbe, et l'on y distingue douze anneaux alternativement noirs ou grisâtres. La femelle est plus grande que le mâle.

Le raton dont les ongles sont des plus aigus, grimpe sur les arbres à la manière du chat avec la plus grande facilité; c'est dans un trou creusé dans l'écorce d'un grand arbre qu'il se loge d'ordinaire.

La chasse du raton dédaignée par les sportsmen américains est réservée aux nègres ; dans chaque plantation, la chasse du raton est la spécialité de certains noirs qui ont étudié à fond ses tours et ses roueries et qui se font aider par des chiens dressés tout spécialement à cet usage. Ceux-ci doivent avoir un bon nez, une grande vitesse et beaucoup de courage, car, une fois acculé, le raton fait une résistance désespérée; ce sont ordinairement des terriers, des mâtins ou des croisements de mâtin et de pointer.

Cette chasse se fait de nuit; c'est ordinairement dans les champs de canne à sucre dont les ratons sont très-friands que le chien les fait lever; le chien suit son gibier à toute vitesse, jusqu'à ce que celui-ci, prêt d'être atteint, ait pris le parti de grimper sur un arbre. Si cet arbre est vieux et fort, le raton peut être considéré comme perdu, mais s'il est jeune, quelques coups de cognée l'ont bientôt abattu et le raton devient aussitôt la proie du chien. Il est facile de comprendre, en partant de là, l'importance de la vélocité chez le chien, car ce n'est que dans le cas où celui-ci gagne vivement du terrain qu'il peut forcer le raton à se brancher sur le premier arbre qui se présente.

RAVALÉ. Ce terme s'applique aux pivots du cerf — qui disparaissent à peu près complétement quand l'animal est très-vieux — et par extension au cerf lui-même quand son âge avancé a rendu son bois tout à fait irrégulier.

RAYER LA VOIE. Terme de chasse à courre. Lorsque le piqueur ou le valet de limier rencontre la trace d'une bête, il doit la rayer afin de la retrouver plus facilement; il trace, dans ce but, une raie avec la pointe de son soulier, derrière le talon, si c'est la voie d'un cerf, et devant les pinces s'il s'agit d'une biche ou d'un sanglier.

RÉBALADE. Voyez *Chasse à la Rébalade*.

REBATTRE. Ce terme de chasse à courre est usité dans plusieurs acceptions. On l'applique au gibier qui revient souvent au même endroit. De même, on dit que le limier qui revient fréquemment sur ses pas, rebat ses voies.

Enfin, on dit que la meute rebat les voies quand elle prend le contrepied, bien que les chiens crient comme sur le droit.

REBAUDIR. Ce mot signifie à la fois l'acte de caresser les chiens et l'action de ceux-ci quand ils témoignent une joie vive.

RECONNAITRE. Avant de faire le bois avec son chien, le valet de limier doit avoir été, plusieurs jours auparavant, reconnaître les bêtes du canton dans lequel il va chasser. Ce mot exprime donc la recherche des connaissances préliminaires indispensables avant de faire le bois.

RECOQUETAGE. Terme de chasse à tir. On donne le nom de perdreaux de recoquetage aux oiseaux des secondes couvées. Quand la nichée d'un couple de perdrix a été détruite, soit par les animaux nuisibles, soit par l'homme ou le mauvais temps, les oiseaux ne manquent jamais de faire un nouveau nid dans les environs de l'endroit où était situé le premier. Cette nouvelle couvée est rarement menée à bien, car les jeunes perdreaux ne sont pas assez forts pour échapper aux chiens quand vient l'ouverture et quoiqu'un véritable sportsman dédaigne de tirer un perdreau pouilleux, il se trouve toujours assez de *pot-hunters* comme disent les Anglais pour mettre en carnassière ces tristes victimes.

RÉCRIER. Terme de chasse à courre. On dit que les chiens se récrient quand on les entend tout à coup redoubler leurs cris. Cette circonstance indique toujours qu'ils viennent de trouver une voie plus fraîche, qu'ils ont rapproché considérablement l'animal, ou encore qu'ils ont aperçu la bête de meute.

REDRESSER LA VOIE. Cette expression de chasse à courre a identiquement le même sens que les mots *relever le défaut*.

REFAIT. Terme de chasse à courre. On appelle refait du cerf, le renouvellement de la tête de cet animal. Dans un autre sens, on dit qu'un cerf porte du refait quand son bois a déjà repoussé, mais qu'il n'a pas encore frayé.

REFUITE. On donne ce nom aux passages que fréquentent habituellement les bêtes sauvages; dans un sens un peu différent, on désigne sous le nom de refuites d'un animal, la route — toujours la même — qu'il prend au sortir de sa retraite quand on est venu l'y troubler.

La connaissance des refuites sert à poster les tireurs dans les battues et, dans les chasses à courre, à mettre les relais.

RÉGALIS. C'est l'endroit où le chevreuil a gratté la terre

avec ses pieds ; les régalis dé-
notent le brocard, car il est
très-rare que la chevrette gratte
le sol.

RÉGENTE. Terme de chasse
aux filets ; c'est le nom qu'on
donne à un appareil composé
d'un piquet, d'une corde de deux
aunes et d'un anneau de métal,
qui sert à activer le mouvement
de l'une des deux nappes du
filet. On emploie la régente
quand le mouvement de l'engin
est contrarié par un vent un
peu fort ; on passe l'une des
deux branches du tirant dans
l'anneau de la régente et on
enfonce le piquet en terre ; la
force de traction se trouve ainsi
doublée à l'égard de l'une des
deux nappes.

REJET CORDE A PIED. Ce
piége a beaucoup d'analogie
avec la raquette ; c'est encore
un lacet qui se tend par l'action
d'une branche flexible à laquelle le poids de l'oiseau, en
faisant jouer une détente, rend
la liberté. La différence entre
ces deux piéges consiste en ce
que le rejet corde à pied est
destiné aux oiseaux marcheurs
et la raquette à ceux qui perchent ; aussi, le perchoir est-il
remplacé ici par une marchette.

C'est surtout pour prendre la
bécasse que ce piége est employé ; on le tend dans les environs d'un abreuvoir après avoir
ménagé dans les roseaux ou les
buissons des passées qui aboutissent au piége.

Le rejet corde à pied doit
être fixé au sol par deux piquets placés à ses deux extrémités ; la baguette flexible qui
sert de ressort est également
enfoncée dans la terre.

REJET PORTATIF. Ce piége
sert au même usage que le rejet
corde à pied ; il n'en diffère
que parce que la branche flexible est remplacée par un ressort en fil de fer. Ce piége
porte le nom de portatif parce
qu'il ne doit point être fixé en
terre comme le rejet corde à
pied.

RELAI. C'est l'existence ou
la non-existence des relais qui
sépare la grande de la petite
vénerie.

Une meute se divise ordinairement en quatre parties formant les chiens d'attaque et les
trois relais dont le dernier porte
le nom de relai de six chiens.
On choisit pour donner l'attaque les animaux les plus ardents ; ceux du premier relai

doivent être plus sages que les chiens d'attaque ; ceux du second relai plus sages que ceux du premier et ainsi de suite.

La connaissance du terrain de chasse et des refuites du gibier sera très-précieuse aux piqueurs en ce qui concerne la façon de placer les relais.

RELAISSER. Terme de chasse à courre. Un animal se relaisse quand il cesse tout à coup de fuir devant les chiens pour se coucher à plat et laisser passer la meute au-dessus de lui. On dit dans le même sens qu'un animal se rase.

RELANCÉ. Terme de chasse à courre. Il y a relancé quand la chasse interrompue pour un motif quelconque est reprise. Ainsi, on relance à la suite d'un défaut, quand l'animal s'est relaissé, ou encore, quand on a arrêté la meute pour permettre aux chiens trop dispersés de se rallier.

RELEVER LE DÉFAUT. Terme de chasse à courre. On dit que les chiens relèvent le défaut quand ils retrouvent la trace qu'ils avaient perdue. Ce sont les veneurs qui relèvent le défaut quand ils aperçoivent l'animal ou l'empreinte de son pied et qu'ils indiquent la voie aux chiens.

RELIGIEUSE. *Bimaculated-Duck*. ANAS GLOCITANS. Cet oiseau appartient à la famille des canards ; il tient à la fois son nom anglais et son nom français de l'opposition des deux couleurs noire et blanche qui forment son plumage et qui lui donne quelque ressemblance avec la pie. La religieuse se rencontre sur les côtes de Hollande, d'Angleterre et de France pendant l'hiver, mais elle n'est abondante dans aucune de ces trois contrées.

REMBUCHEMENT. C'est la coulée par laquelle une bête entre dans son enceinte ; quand après être rentrée dans son fort, l'animal en est ressorti aussitôt pour aller s'établir ailleurs, il y a faux-rembuchement.

REMBUCHER. Terme de chasse à courre. Un animal se rembuche, quand il pénètre dans son fort. On emploie encore ce mot pour indiquer l'acte de suivre la voie d'un animal à l'aide du limier, jusqu'à ce qu'on soit arrivé à l'enceinte dans laquelle il se trouve.

REMISE. Terme de chasse à tir. On donne ce nom à l'endroit où va se placer le gibier après avoir été levé ; ce n'est guère qu'aux perdreaux que ce mot s'applique proprement dans ce sens.

On donne encore le nom de remises, dans les pays de plaines à quelques bouquets de buissons semés de ci de là dans les campagnes, dans le but de créer des refuges pour le gibier et, par extension, à tous les endroits où le chasseur croit avoir des chances de rencontrer du gibier. Tels sont, à l'époque de l'ouverture, les champs de pommes de terre, de betteraves, de trèfle, etc.

RENACLER. C'est le bruit que produit le chien, qui arrive sur une piste encore fraîche, à un endroit par exemple que les perdreaux viennent de quitter. Le chien fait entendre alors une sorte d'éternuement.

RENARD. *Fox.* Canis Vulpes. Le renard a la tête assez large, le museau effilé, les mâchoires armées de dents aiguës, les oreilles petites et pointues, la queue longue et garnie d'un poil touffu. Appartenant à la race canine comme le chien et le loup, le renard se distingue de ses deux congénères par l'odeur forte qu'il exhale et qui est due à une matière grasse sortant d'une glande placée à trois doigts de la racine de la queue et recouverte de poils rudes.

La couleur ordinaire du renard est d'un fauve plus ou moins foncé ; les plus jeunes paraissent presque rouges, tandis que ceux qui sont déjà avancés en âge grisonnent ; les lèvres, le tour de la bouche, la poitrine, le ventre et le bout de la queue sont blanchâtres chez presque tous les individus ; les oreilles, les pieds et l'extrémité du museau sont ordinairement noirs. Le climat influe beaucoup sur la couleur de cet animal qui a presque autant de nuances diverses que les animaux domestiques. Les montagnes, les forêts situées au milieu des plaines cultivées sont les endroits que le renard choisit de préférence pour y creuser son terrier. Quand il fait beau, durant le jour, il est presque toujours couché au milieu d'un buisson touffu ; quand le temps est mauvais au contraire, il se réfugie dans sa demeure souterraine ou dans quelque anfractuosité de rocher.

La femelle du renard met bas vers le mois d'avril ou de mai, et sa portée se compose de cinq à dix renardeaux. Ceux-ci viennent au monde le plus souvent au fond d'un terrier, mais parfois aussi dans un buisson d'épines fort épais. La renarde est excellente mère, elle ne s'éloigne de ses petits que quelques instants, chaque nuit, pour aller chercher sa nourriture.

La chasse du renard à courre exige de la part des cavaliers qui s'y livrent une habileté et une énergie peu communes. Le renard conduit ceux qui le poursuivent à travers mille accidents de terrain; au milieu de terres humides ou marécageuses, dans les parties les plus accidentées des bois.

Arrivés à l'endroit où l'on compte rencontrer le renard, endroit que les Anglais appellent cover, les chasseurs commencent par découpler leurs chiens qui se mettent à quêter dans les alentours; quand l'un d'eux donne de la voix, les piqueurs vont s'assurer si ce n'est point une fausse alerte. Une fois mis sur pied, le renard se glisse prudemment le long de la lisière du bois; mais dès qu'il voit que sa piste est suivie et que les chiens vont l'atteindre,

il s'élance tout à coup et prend le large, distançant la meute de bien loin.

Les chasseurs les plus intrépides se précipitent à la suite des chiens, déterminés à passer partout où passera la meute; d'autres, plus prudents, cherchent à gagner, par des chemins plus faciles, le point où ils supposent que se dirigera le renard. Celui-ci ne tarde jamais, après un long circuit, à revenir dans son canton pour chercher un refuge dans son terrier, mais comme on a eu soin de faire boucher toutes les gueules la nuit précédente, l'animal pressé par la meute s'éloigne une seconde fois.

Il est rare que de bons chiens, dans des circonstances ordinaires, tombent en défaut sur la voie du renard. Les émanations qu'il laisse après lui sont assez fortes pour qu'une meute exercée perde difficilement sa piste. On a vu les veneurs les plus hardis et les plus expérimentés manquer un cerf malgré l'excellence de leurs chiens et l'habileté de leurs piqueurs; il est permis de perdre un lièvre, mais le sanglier et le renard une fois lancés doivent être pris. L'échec est sans excuse.

Il faut veiller à ce que la

meute se tienne bien unie ; si à la suite d'une poursuite déjà longue, elle se trouve dispersée, on fera une courte halte qui permettra aux traînards de rejoindre le gros de la meute. Quand les chiens sont ralliés, on les lance de nouveau ; ils reprennent la voie, leurs aboiements redoublent et la rapidité de la chasse est plus grande que jamais. Les chevaux bondissent à travers les obstacles, franchissent les fossés, les murs, les barrières ; quant aux cavaliers mal montés, ils se voient distancés et perdent leur chance d'assister à la mort du renard. Bientôt un des chiens saisit l'animal, la meute se précipite comme un torrent et le renard est étranglé en un clin d'œil. Alors, tandis que le piqueur élève l'animal mort au-dessus de sa tête, les chasseurs forment cercle autour de la meute et sonnent gaiement l'hallali.

Les chiens les mieux appropriés à cette chasse sont ceux qui portent le nom de chiens de renard, foxhounds ; cette race est d'origine anglaise et a été formée par des croisements avec le lévrier et le bull-dog. Les formes du foxhound indiquent la rapidité et la force de résistance qui forment la base de ses hautes qualités. De toutes les espèces de chiens qui ont été appliqués à la chasse à courre, le foxhound est, après le lévrier, le plus vite de tous, et cette qualité n'a jamais cessé d'augmenter progressivement à mesure que la race se perfectionne de plus en plus. La vitesse et le fond des chevaux ont nécessairement suivi une progression correspondante.

Les chasseurs au renard doivent éviter de marcher à la suite les uns des autres ; cette chasse est semée d'obstacles et les chutes y sont très-fréquentes. Si le cavalier dont le cheval s'abat était suivi de très-près par un de ses compagnons, de terribles accidents pourraient en résulter.

Si en Angleterre le fait de tirer un renard est considéré comme un crime de lèse-sport, il en est tout autrement sur le continent où la chasse à courre de cet animal s'est fort peu pratiquée jusqu'à présent, bien qu'il soit question de l'introduire sur une grande échelle dans plusieurs contrées de la France.

Chaque hiver, à l'époque des battues, on tue un nombre considérable de renards ; cet animal est aussi nuisible aux agriculteurs qu'aux chasseurs; il s'attaque aux volailles, aux ruches d'abeilles et à tous les fruits; d'un autre côté, il détruit les faons de cerfs et de chevreuils, les lièvres, les lapins et tous les gibiers à plume. Les petits oiseaux le considèrent comme leur ennemi acharné et s'ils l'aperçoivent durant la journée ils le poursuivent de leurs cris. De même les canards, quand ils se trouvent en sûreté sur un étang, arrivent en foule jusque près du bord dès qu'ils ont aperçu un renard et le saluent de leurs cris discordants. C'est sur ce dernier trait des mœurs du canard que l'on a basé la chasse au badinage.

La peau du renard tué en hiver, entre octobre et mars, fait de belles et bonnes fourrures; mais celle des animaux tués en été est peu estimée.

RENARDEAU. On donne le nom de renardeau au jeune renard qui n'a pas atteint l'âge d'un an. La chasse au renardeau se fait l'été et non l'hiver comme la grande chasse au renard; c'est ordinairement au mois d'août qu'elle commence. Bien que cette chasse n'ait d'autre but que de dresser les jeunes chiens de renard, elle est loin d'être sans intérêt. On la commence de grand matin, parce que la voie du renard est plus facile à saisir; elle se fait presque toujours dans les bois, car les renardeaux ont beaucoup de répugnance à gagner la plaine; ils se font battre à peu de distance de leur terrier.

Outre l'avantage qu'elle a pour les jeunes chiens, la chasse au renardeau a une excellente influence sur l'éducation des piqueurs et des sous-piqueurs et sur la connaissance complète qu'elle leur procure de la contrée et de ses ressources au point de vue de la chasse au renard.

RENNE. *Reindeer* ou *Caribou*. CERVUS TARANDUS. Cet animal se rencontre dans l'extrême Nord de l'Europe et dans quelques parties de la Nord-Amérique. En Europe, il est plutôt considéré comme animal domestique, bien qu'il en reste encore à l'état sauvage, mais ils montrent si peu de défiance à l'égard des hommes que leur nombre décroît dans une proportion très-rapide. Le renne américain porte le nom de caribou; c'est cependant identiquement le même animal que le renne d'Europe.

RENTRÉE. C'est l'endroit par lequel un animal qui a quitté son fort pour aller faire sa nuit dans la plaine pénètre de nouveau dans le bois.

REPAIRE. En termes de chasse, ce mot ne s'applique qu'aux fientes du lièvre et du lapin et plus rarement à celles de la perdrix et du faisan.

REPASSAGE. Par opposition au passage d'automne, on donne souvent le nom de repassage à la migration périodique du printemps. Quand les oiseaux passent, ils vont du nord-est au sud-ouest. Quand ils repassent, ils vont du sud-ouest au nord-est.

REPENELLE. Voyez *Chasse à la Repenelle.*

REPOSÉE. C'est l'endroit ordinairement écarté et entouré d'ombrage touffu où les bêtes fauves restent couchées durant la journée. La reposée du cerf s'appelle aussi chambre du cerf.

REPRENDRE. Terme de chasse à courre. Quand les chiens retrouvent la voie après l'avoir perdue, on dit qu'ils en reprennent.

REPRENDRE SES VOIES. Terme de chasse à courre. Le piqueur qui a rencontré un faux rembuchement ou qui, pour un motif quelconque, s'aperçoit qu'il a fait fausse route, retourne avec son limier à ses dernières brisées. C'est ce que l'on appelle reprendre ses voies.

RESSORT (Grand). Voyez *Grand ressort.*

RESSORT DE LA GACHETTE. C'est une des parties qui composent la platine du fusil. Le ressort de la gachette est en communication directe avec cette dernière et la force à pénétrer dans les crans de la noix. C'est ce ressort qui, par sa pression continue, produit l'élasticité de la détente.

RESSUI. Terme de chasse à courre. Le cerf qui a viandé la nuit dans les campagnes et s'est mouillé dans la rosée ne rentre dans son fort qu'après s'être mis au ressui en se couchant au soleil pour laisser sécher son pelage. On dit également que le cerf s'est mis au ressui, quand après s'être forlongé il se repose et laisse sécher la sueur produite par sa course devant les chiens.

RETRAITE. Fanfare qui se sonne au retour de la chasse. On sonne la *retraite prise* ou la *retraite manquée* suivant que la poursuite a été ou non couronnée par le succès.

RETRIEVER. C'est un chien de race anglaise, grand de taille, revêtu d'un poil frisé ; il est très-robuste et doué remarquablement sous le rapport de l'odorat et sous celui de l'intelligence. Le retriever est dressé à ne pas quitter les talons de son maître qu'il n'en ait reçu l'ordre ; il faut qu'il soit capable de quêter comme un setter, mais ses fonctions consistent plus spécialement à retrouver le gibier égaré. D'ordinaire, le chasseur qui se sert d'un retriever a en outre un ou deux pointers qui ne rapportent point ; si un gibier est abattu, le sportsman fait un signe à son retriever qui va le ramasser et le lui rapporte.

Le caractère particulier du retriever, celui qui constitue toute la valeur de ce précieux animal, c'est la persévérance infatigable avec laquelle il poursuit la recherche d'un oiseau mort ou blessé jusqu'à ce qu'il l'ait trouvé ou du moins jusqu'à ce que son maître l'ait autorisé à abandonner sa quête. Mais ce cas se présente peu, car le retriever cherchant avec méthode se trouve rarement en échec.

La race du retriever a été produite à l'aide d'un croisement entre le setter et le chien de Terre-Neuve ; il a aussi un peu du sang de l'épagneul. Quelques chasseurs se servent des métis obtenus directement par le croisement du pointer et du chien de Terre-Neuve ; mais ceux-ci sont la plupart du temps inférieurs aux chiens qui descendent d'une famille qui a été appliquée à des travaux semblables à ceux que l'on en exige.

Le retriever va parfaitement à l'eau et l'on en obtient un bon service à la chasse au marais.

RÉVERBÈRE. Voyez *Chasse au Réverbère.*

REVOIR. Terme de chasse à courre ; on en revoit quand on aperçoit pour la première fois la trace d'un animal. On dit encore dans le même sens : en revoir par le pied. Suivant que le sol est friable ou dur, sec ou humide, il y a beau ou mauvais revoir.

REVOULOIR. Terme de chasse à courre. Quand les voies sont vieilles, on dit que les chiens en reveulent. Cela signifie qu'ils saisissent la piste par ci par là, mais qu'ils ne peuvent la suivre.

RHINOCÉROS. *Rhinoceros.* RHINOCEROS UNICORNIS. La grande valeur de la peau de cet animal que son impénétrabilité rend propre à une foule d'usages, le met en butte aux poursuites d'un grand nombre de chasseurs indigènes dans les Indes. Ces chasseurs sont armés de fusils d'un calibre et d'un poids si considérable qu'ils sont forcés pour mettre en joue de les faire reposer sur une fourche de fer comme les anciens mousquets. Les balles de fer de 100 grammes lancées par ces armes percent la peau du rhinocéros que la balle de plomb ronde lancée par un fusil lisse ne pourrait entamer. Les balles coniques à pointes d'acier des carabines rayées ne seraient pas arrêtées non plus par l'armure du rhinocéros, quelque résistante qu'elle soit.

Les officiers anglais en garnison dans les Indes ont parfois tenté la chasse du rhinocéros à l'aide d'éléphants, mais la crainte que ceux-ci éprouvent de la part de cet animal, qui professe pour eux l'antipathie la plus marquée, a fait abandonner ces entreprises qui offraient le plus grand danger.

RIDÉES. Ce mot s'applique en termes de chasse à courre aux fumées des vieux cerfs et des vieilles biches qui sont marquées de raies transversales.

RIDENNE. C'est le nom que quelques chasseurs français donnent à l'espèce de canards qui porte plus généralement le nom de chipeau (voir ce mot).

ROITELET. *Wren.* SYLVIA REGULUS. Cet oiseau appartient à l'ordre des passereaux, famille des sylviés. C'est l'oiseau le plus petit de nos contrées; il n'a que 9 centimètres de long et pèse à peine 5 ou 6 grammes. Son plumage est partie verdâtre, partie de couleur cendrée; sur la tête, le mâle porte une sorte de huppe couleur de feu, qui lui donne un aspect charmant.

Le roitelet se prend assez bien dans les piéges de tous genres et surtout au moyen de la chasse aux gluaux. Son extrême petitesse exige l'emploi de piéges et de cages spéciaux.

ROMPRE LES CHIENS. Terme de chasse à courre. C'est l'acte de forcer les chiens à abandonner la poursuite de l'animal qu'ils chassent, soit que la meute ait pris le change, soit que l'on veuille cesser la chasse pour un motif quelconque.

RONGER. C'est le terme propre par lequel on exprime l'acte de ruminer chez le cerf.

ROQUETTE. C'est le nom qu'on donne en France à une variété de perdrix très-rare et qui semble se livrer à des migrations périodiques comme la caille. La roquette est plus petite que la perdrix grise ; elle tient le milieu pour la taille entre cette dernière et la caille. Son plumage est plus terne et plus pâle que celui de la perdrix grise ; les dessins tracés sur les plumes sont à peu près semblables, mais ils sont plus indécis. Les roquettes voyagent en assez grandes bandes, mais il est probable qu'elles ne se montrent en France qu'en certaines années ; elles sont totalement inconnues en Angleterre.

Cet oiseau porte encore les noms de perdrix de passage, perdrix de montagne, perdrix de Damas, etc.

ROSSIGNOL. Cet oiseau appartient à l'ordre des passereaux, famille des sylviés. Il a 16 centimètres de long ; son plumage est sombre. Le rossignol voyage seul, et quoiqu'il ne soit point rare, il est fort difficile à prendre, car ne sortant guère des forêts, il n'est pas exposé à tomber dans les filets de l'oiseleur et il est excessivement rare qu'on le prenne sur des gluaux. Il n'y a guère que les piéges, les trébuchets, qui puissent permettre quelque espérance de succès. C'est au mois d'avril que se fait cette chasse, car après qu'il a niché, le rossignol est beaucoup plus difficile à priver. Il faut mettre l'appât plusieurs jours de suite à la même place et ne placer le trébuchet que lorsque l'appât a été dévoré par l'oiseau. Comme pour l'hirondelle, il faut dans le principe forcer le rossignol à ingurgiter de la viande hachée aussi menue que possible.

Quand on a pris un rossignol

au piége, il faut s'assurer si l'on tient un mâle; comme la différence entre les deux sexes est peu marquée, on pourra employer le moyen suivant : il consiste à attendre à l'endroit où l'on avait tendu son piége pendant 15 à 20 minutes. Si durant cet espace de temps on n'a point entendu chanter le mâle, c'est lui que l'on a pris.

L'immense majorité des rossignols que l'on voit en cage ont été pris dans le nid; il n'y a pas de difficulté à les élever à la brochette, mais cela exige de la patience et du soin.

ROSSIGNOL DE MURAILLES. Cet oiseau, qui porte aussi le nom de rouge-queue, appartient à l'ordre des passereaux, famille des sylviés. Il a 14 centimètres de long. Une tête noire marquée d'une singulière tache blanche qu'on prendrait pour une marque faite à la craie et une queue d'un brun très-rouge le distinguent principalement. Cet oiseau, qui a les formes du rouge-gorge, se prend très-facilement sur les gluaux : il est plus sauvage encore que le rossignol et difficile à priver.

ROUGE-GORGE. *Robin.* Cet oiseau, qui a la même taille que le rossignol, appartient à l'ordre des passereaux, famille des sylviés. Après la mésange, il n'est pas d'oiseau qui soit plus facilement attiré par la chouette que l'on emploie dans la chasse aux gluaux, mais moins remuant que celle-là, on a moins de chance de le voir se placer sur les gluaux.

Le rouge-gorge a un plumage sombre et d'une nuance brune uniforme, sauf sur le devant de la poitrine où se voit une belle et grande tache orange à laquelle il doit son nom qui, à dire vrai, s'appliquerait plus exactement au bouvreuil. Cet oiseau voyage seul; il y en a beaucoup qui restent dans nos contrées pendant l'hiver.

ROUGEURS. C'est le nom qu'on donne en terme de vénerie aux traces de sang laissées sur le sol par un animal qui s'est enfui après avoir reçu une blessure. On suit une bête *aux rougeurs*, quand on se dirige d'après ces traces de sang pour trouver l'endroit où elle s'est remise.

ROULER. Terme de chasse à tir. On dit rouler un lièvre pour exprimer que la bête a été tuée raide.

ROULOUL. *Rouloul.* CO-
LUMBA CRISTATA. C'est une perdrix de Java, moins grosse que
la perdrix grise, mais d'une
élégance extraordinaire. Sa tête
est noire, ornée d'une huppe
soyeuse rouge mordoré. Le plumage est vert sur le dos, violet
sur la poitrine et le ventre. Le
bec et les pattes sont d'un rouge
vif. Le rouloul est un des gibiers les plus recherchés de son
pays d'origine.

ROUSSELINE. C'est une espèce d'alouette connue aussi
sous le nom d'alouette d'eau ou
de grande farlouse des prés.
Elle est rare en Belgique et
dans le nord de la France, mais
on la voit en Alsace, en Lor-
raine et en Provence. C'est un
des oiseaux les plus difficiles à
garder en cage, mais on le
prend assez bien dans les filets
à l'aide de sifflets.

ROUSSELOTTE. On donne
ce nom à l'hermine quand elle
est revêtue de son pelage d'été
qui est d'une couleur fauve jaunâtre, sauf le ventre et le poitrail. Le pelage d'hiver seul est
blanc.

ROUTAILLER. Ce terme indique une chasse spéciale qui

ne s'applique qu'aux animaux
nuisibles qu'il faut détruire à
tout prix.

Le chasseur armé d'une carabine et accompagné d'un limier se fait conduire par celui-
ci jusqu'à la bauge du sanglier
ou jusqu'au liteau du loup et il
abat ces animaux au partir.

Il n'est d'usage de routailler
que quand les chasses régulières sont reconnues insuffisantes
pour empêcher les bêtes noires
ou les loups de se multiplier
d'une façon inquiétante.

RUSER. Terme de chasse à
courre. C'est l'acte d'un animal
qui croise ses voies, revient sur
ses pas ou se livre à des manœuvres quelconques dans le but
de dérouter les chiens. De tous
les gibiers, c'est le lièvre qui
ruse le plus et après lui le cerf.

RUT. C'est la saison des
amours pour les bêtes fauves.
Le rut du cerf dure trois semaines. Les vieux animaux
commencent les premiers vers
le 1er septembre et trois semaines plus tard vient le tour des
jeunes qui finissent vers le 15
octobre. Les chevreuils et les
daims ne restent en rut que
quinze jours, dans le courant
d'octobre.

Les cerfs se livrent à l'époque du rut de terribles combats pour la possession de leurs femelles. A cette époque, il suffit qu'ils aperçoivent à une grande distance un autre cerf pour s'élancer vers lui et engager une lutte furieuse. On a profité de cette circonstance pour une sorte de chasse spéciale qui se fait surtout en Amérique. A l'époque du rut un chasseur armé d'une carabine se cache dans un épais buisson. Il s'est muni d'un bois de cerf ou de daim qu'il fait passer au-dessus des branches qui l'entourent; puis, au moyen d'un petit instrument, il imite le raire du cerf. S'il se trouve un de ces animaux dans les environs, il ne tarde pas à accourir et à tomber sous la balle du chasseur.

SAC A PLOMBS. C'est un des ustensiles qui constituent l'équipement du chasseur. Le sac à plombs le plus avantageux est celui dont la mesure est séparée, et qui, à l'aide d'un ressort, se referme spontanément quand on en tire la charge de plomb. L'inconvénient le plus grave de ce genre d'ustensiles, c'est la capacité trop grande d'ordinaire de la mesure. Il est très-important que le chasseur ne s'en rapporte point à un instrument fait au hasard pour les quantités de poudre et de plomb à mettre dans son arme. Il est bien rare qu'il faille employer 40 grammes de plomb dans n'importe quel calibre, et, sauf les circonstances exceptionnelles qu'il est impossible de prévoir, les chasseurs pourront employer des mesures d'une contenance de :

Pour le calibre 18 — 32 gr.
Pour le calibre 16 — 34 gr.
Pour le calibre 14 — 36 gr.
Pour le calibre 12 — 38 gr.

SACCADE. Il est d'usage de donner une saccade au trait par lequel on conduit le limier, quand celui-ci se rabat sur une mauvaise voie. C'est un avertissement dont le dressage particulier du limier lui a appris à connaître la signification.

SALPÈTRE. Le salpêtre ou nitre est le plus important en quantité des trois ingrédients qui entrent dans la composition de la poudre.

La pureté de cette matière, son broyage très-soigné et son mélange intime avec les deux autres ingrédients, telles sont les trois conditions indispensables à la fabrication d'une bonne poudre de chasse.

SAMBÉ. Terme de chasse aux filets. On désigne sous ce nom l'oiseau attaché par le corselet au bout d'une baguette que le chasseur fait mouvoir au moyen d'un fil. Quand une bande d'oiseaux de passage se présente, le chasseur aux filets donne un ou plusieurs coups de sambé en montrant son oiseau à ceux qui passent. Le coup de sambé doit être donné à propos; si les oiseaux sont trop loin, on fatigue le sambé inutilement; s'ils sont trop près, ils apercevront la baguette ou le fil et se garderont d'approcher davantage.

SAMBÉYÈRE. C'est l'instrument qui sert à faire mouvoir le sambé. C'est une petite planchette au milieu de laquelle se trouve une ouverture allongée dans laquelle joue une baguette de bois dur ou un fil d'archal. Par un trou creusé à la partie supérieure de la planchette passe un fil qui vient se lier autour de la baguette; en tirant ce fil, le chasseur relève l'appareil et lance en l'air l'oiseau qui, à distance, semble voler naturellement.

SANGLIER. *Wild Boar.* Sus Scrofa. La conformation du sanglier est à bien peu de chose près semblable à celle du porc domestique. Il a la tête plus allongée, des défenses longues et tranchantes qui parfois atteignent une dimension de près d'un pied , les écoutes dressées et non tombantes comme les oreilles du porc, les soies plus raides, la queue courte et droite. La couleur du sanglier est d'un noir brunâtre tirant sur le roux à la partie supérieure du dos ; cette teinte est mêlée de gris sur les flancs et sous le ventre.

Les jeunes sangliers qui portent le nom de marcassins sont marqués jusqu'à l'âge de six mois de bandes transversales d'un ton plus pâle que le reste de la robe. Quand ils perdent ces marques, ils quittent le nom de marcassins pour prendre celui de bêtes rousses. Le sanglier d'un an s'appelle bête de compagnie parce qu'il reste encore à cette époque en bande avec les jeunes animaux de la même portée. A deux ans, c'est un ragot ; à trois ans, un tiersan ; à quatre ans, un quart-an ou quartenier ; plus tard, il devient vieux sanglier , grand vieux sanglier et enfin solitaire. Les tiers-an et les quarteniers sont plus redoutables que les animaux plus âgés, parce qu'à mesure que les sangliers vieillissent, leurs défenses se recourbent sur elles-mêmes et at-

teignent plus difficilement de la pointe.

Sauf à l'époque du rut, les vieux sangliers vivent seuls ; ils choisissent dans un endroit tranquille de la forêt une épaisse cépée sous laquelle ils creusent leur bauge. Ils se nourrissent d'herbes, de racines, de champignons, de glands , de faînes, de châtaignes et de fruits sauvages. Ils mangent aussi certains animaux, des limaçons , des souris, des mulots, de jeunes oiseaux, et, quand ils peuvent en prendre, des lapereaux, des levreaux, des faons, car, sous tous les rapports, le sanglier est un animal dévastateur : il mange beaucoup et détruit plus qu'il ne consomme.

Pour détourner le sanglier, on procède exactement comme pour le cerf, en employant le limier, mais l'analogie cesse du moment qu'il s'agit de mettre l'animal sur pied. Le sanglier est brave et fort ; il sait qu'il est redoutable, et les chiens le savent également. Loin de s'attacher à contenir leur ardeur, comme on le fait à la chasse du cerf, il faut ici les encourager, pénétrer avec eux dans l'enceinte, et chercher à effrayer le sanglier en criant et en faisant retentir les cors. Malgré tout

27

ce bruit, il arrive que l'animal tienne le ferme, et l'on en a vu beaucoup que les veneurs, dans l'impossibilité de les lancer, étaient réduits à tuer dans leur bauge à coups de fusils.

Une fois parti, le sanglier ne ruse guère ; avec lui, ni change ni défaut à craindre ; mais on doit suivre la meute de près et être toujours prêt à sonner des trompes, car, si on lui en laisse le loisir, l'animal s'arrêtera souvent et chacune de ses stations peut coûter la vie à un chien.

Quand le sanglier est très-fort, il est rare que la chasse dure longtemps ; comme il fait souvent tête aux chiens, les chasseurs sont contraints, s'ils tiennent à leur meute, de terminer la chasse d'un coup de carabine. Si, au contraire, l'animal est timide, la course sera longue, car il tiendra cinq ou six heures avant d'être forcé.

Lorsque les chiens atteignent le sanglier, ils ne peuvent guère le saisir que par les écoutes, mais quand ils le tiennent ferme de cette façon, ils n'ont plus rien à craindre de lui. Quand deux chiens sont pendus, chacun à une écoute, on dit que le sanglier est coiffé et l'on considère la chasse comme finie.

Le fusil de chasse ordinaire ne peut guère être employé pour le tir du sanglier ; la balle sphérique ne perçant pas toujours son cuir épais garni de soies rudes, quand elle est dirigée en biais. Certains chasseurs emploient deux balles ou un lingot cylindrique ; cela peut être bon pour tirer à bout portant ou à petite distance, mais cela ne pourra convenir quand il faudra de la précision. La carabine rayée, à balle cylindro-conique, est la seule arme qui convienne parfaitement à la chasse du sanglier en ce qu'elle unit la justesse à la force de pénétration. Si l'on tient à avoir une carabine double, deux canons superposés valent mieux que deux canons juxtaposés.

Quand le sanglier cesse de percer en avant et parcourt les mêmes localités, on peut en conclure qu'il est sur ses fins ; il est alors couvert d'écume et offre souvent l'aspect d'une boule de neige. C'est le moment où il devient le plus redoutable et où les chasseurs, s'ils tiennent à leur meute, doivent chercher à se rapprocher le plus tôt possible.

Quand le sanglier est mort, on coupe immédiatement les suites. On présente alors la trace droite au chef d'équipage et l'on donne aux chiens la fouaille.

·SANSONNET. V. *Étourneau.*

SARCELLE. *Teal.* ANAS CRECCA. Cet oiseau appartient à la famille des canards dont il forme la plus petite variété. Il mesure ordinairement 40 à 45 centimètres; son poids est d'environ 400 grammes.

Le mâle ressemble beaucoup, avec encore plus d'éclat dans les couleurs, au canard sauvage; la sarcelle femelle est moins brillante; elle a comme le mâle une tache d'un vert superbe sur les ailes, mais elle manque des tons éclatants de la tête et du cou.

Sarcelle.

La sarcelle niche rarement en Angleterre et beaucoup plus rarement encore en France; c'est dans les contrées plus septentrionales que l'immense majorité de ces oiseaux se reproduisent, mais ils fréquentent nos contrées pendant l'hiver.

Il est rare qu'une nichée de sarcelles, y compris les parents, soit composée de plus de six ou sept individus; de là vient que ces oiseaux se voient généralement en bandes beaucoup inférieures en nombre à celles de toutes les autres variétés de canards. Dans les plus grands froids, on n'en voit jamais réunis plus de vingt-cinq ou trente, et le chiffre le plus ordinaire est inférieur à dix.

La chasse de la sarcelle diffère essentiellement de celle de tous ses congénères ; cet oiseau est d'un accès très-facile et il suffit d'une blessure légère pour l'abattre. Quand un chasseur a fait lever une sarcelle, celle-ci ne prend point son essor pour fuir au loin, comme le ferait tout autre membre de la famille des anas ; au contraire, elle suivra le bord de l'eau et se remettra tout à coup à peu de distance. Si on a remarqué la remise, il sera bon d'y avoir l'œil pendant quelques instants, car il arrive fréquemment qu'après s'y être arrêté une minute, l'oiseau repart soit en volant, soit en nageant. Si deux chasseurs sont réunis, il sera toujours bon qu'ils se séparent, et que l'un des deux, faisant un circuit, aille rejoindre le bord de l'eau en avant du gibier.

Le colonel Hawker dit que la sarcelle est de loin le meilleur de tous les canards au point de vue de la table ; c'est en effet le plus estimé en Angleterre, quoique sur le Continent on en fasse généralement moins de cas.

SARCELLE (Grande). *Gar-*

ganey. ANAS QUERQUEDULA. Cet oiseau n'est pas très-répandu ; quelques individus de cette espèce paraissent nicher dans le Norfolk, car ils y portent le nom de summer-teals (sarcelles d'été). La grande sarcelle est d'une taille qui forme la moyenne entre celle de la sarcelle et du canard sauvage.

SAUTERELLE. Ce piége, quand il est tendu, représente assez exactement la forme d'une arbalète ; quand on a tordu vigoureusement la corde de l'arc, celui-ci tend à se rabattre sur la partie antérieure de la planchette, mais on le maintient à la partie postérieure au moyen d'un fil et d'un triquet ; l'appât est fixé au même fil et en tentant de s'en emparer l'animal dégage l'arc qui l'assomme.

Selon sa grandeur, on emploie ce piége contre les oisillons, ou contre les corbeaux.

SECONDE VIEILLE MEUTE. Terme de chasse à courre. On donne le nom de vieille meute à la réunion des chiens qui lancent la bête et celui de seconde vieille meute à ceux qui forment le premier relai.

SEMÉ. En termes de chasse

à courre, ce mot s'applique à la disposition des andouillers le long des merrains. Quand les andouillers sont en nombre égal de chaque côté, ils sont dits « bien semés. » Ils sont au contraire mal semés quand leur disposition est irrégulière.

SÉPARER. Ce mot s'emploie dans plusieurs sens en matière de chasse à courre.

Les chiens séparent un cerf, lorsqu'ils se lancent tous sur sa piste sans s'occuper des biches ou d'autres cerfs dont l'animal de meute était accompagné.

Le mot séparer exprime aussi l'acte de l'animal qui cherche par des bonds énormes à s'isoler de sa propre voie, pour mettre les chiens en défaut.

On dit encore que le cerf sépare l'empaumure quand ses andouillers commencent à paraître.

SERRURIER. Terme de chasse aux filets. Chez certaines variétés d'oiseaux, on rencontre des individus qui ont l'habitude de pousser à des intervalles plus ou moins rapprochés des cris aigus et gutturaux qui, loin d'attirer leurs congénères, les font fuir au loin. Ces oiseaux, qui sont absolument im-

propres à servir d'appeaux, ont reçu des oiseleurs le nom de serruriers ; c'est surtout parmi les linots et les ortolans que l'on en rencontre.

SERVIR LA BÊTE. Terme de chasse à courre. C'est l'acte de mettre fin à la chasse en tuant la bête d'un coup de carabine.

Autrefois, on employait un couteau de chasse, ce qui offrait plus de danger ; parfois même on accouait ou on esjarretait l'animal, ce qui veut dire qu'on lui coupait les jarrets.

SETTER. Le setter est un chien de race anglaise beaucoup plus grand de taille que l'épagneul et d'une agilité qui dépasse de beaucoup celle du pointer. Ce dernier est un chien de formation moderne, tandis que la race du setter remonte à la première moitié du XVIe siècle. On suppose qu'il a une origine commune avec l'épagneul anglais et le chien de Terre-Neuve entre lesquels il semble servir de trait d'union.

Le setter ne diffère guère du pointer quant à la taille ; ses membres sont plus souples et mieux déliés et il possède en même temps un fonds supérieur. Il est d'une grande dou-

Setter.

ceur de caractère, aussi docile qu'intelligent, et son dressage n'offre point de difficulté réelle, car les animaux sauvages ou obstinés sont plus rares dans cette race que dans toute autre. Au contraire, ils montrent beaucoup d'attachement à leur maître et la plus légère marque de bienveillance excite leur reconnaissance.

Le setter a un magnifique pelage à longs poils légèrement ondulés, mais non frisés comme ceux du retriever ; on en voit de toutes les couleurs, mais celle brun-rouge est ordinairement la plus recherchée ; cette teinte domine d'ailleurs dans la race, quoiqu'il soit assez rare de la trouver sans aucune tache d'autres couleurs. On voit aussi de très-beaux chiens de cette race d'un noir brillant avec une tache blanche sur le poitrail.

Quoique le dressage du setter ne soit point difficile, il est souvent plus long que celui du pointer à cause de leur ardeur excessive qu'on a peine de contenir dans de justes bornes.

Sous le rapport de la résistance à la fatigue, il n'y a que le griffon qui puisse l'emporter sur le setter. La rapidité de ce dernier le rend capable de parcourir plus de terrain que le pointer, mais elle le fait parfois, malgré la perfection de ses qualités olfactives, dépasser le gibier. La chasse au marais lui convient spécialement ainsi que celle qui se fait dans les bruyères ; ses pieds résistent mieux aux picots des bruyères que ceux du pointer.

Le setter doit donc être adopté par les chasseurs déterminés qui s'adonnent à cet exercice avec une ardeur qui ne se ralentit jamais ; dans de telles conditions, les services rendus par cette race sont inappréciables, car il est sans exemple qu'un setter de race pure ait fait preuve de cette apathie et de cette mollesse si promptes à se montrer chez les races grossières et dont le pointer lui-même n'est pas exempt à la suite d'un travail pénible.

Il ne faut pas oublier au nombre des considérations qui recommandent l'emploi du setter que ce chien est également bon en plaine, au marais et au bois.

SETTER IRLANDAIS. Race de chiens d'arrêt de grande taille et d'un port imposant. Ces animaux sont très-vigoureux et doués de qualités remarquables ; quand ils ont été dressés avec soin, ils font preuve d'autant de prudence que de persévérance. Quelques-uns de ces chiens ont une tendance à ramper sur le sol ; si l'on ne réprime pas ce mouvement, il se termine d'ordinaire par un élan subit sur le gibier.

SETTER RUSSE. Race de chiens d'arrêt douée de qualités remarquables, d'une solidité et d'une rusticité sans égale. Le setter russe a le poil mêlé et formant toison, ce qui ne l'empêche pas de supporter parfaitement la chaleur. Son museau est barbu comme celui du terrier d'Écosse, mais son poil est d'une nature plus laineuse que celui de ces deux chiens. Les jambes sont droites et fortes, les pieds plats et durs.

SIFFLET. On donne parfois ce nom aux instruments plus proprement désignés sous la dénomination d'appeaux, qui servent à contrefaire le cri d'appel des petits passereaux.

Le sifflet est un ustensile de chasse indispensable, et il est de haute importance d'accoutumer le chien à se rendre à l'instant à cet appel.

SITTELLE. Cet oiseau a 16 centimètres de long. Il appartient à l'ordre des passereaux, famille des sittés, mais il a les plus grands rapports avec la famille des pics ; on lui donne même parfois le nom de picmaçon. Cet oiseau habite les grands bois et l'on ne le prend guère qu'à l'aide de la chasse aux gluaux.

SIX-CHIENS. Terme de chasse à courre. C'est le nom qu'on donne au troisième relai, quel que soit d'ailleurs le nombre des chiens qui le composent.

SIZERIN. Cet oiseau n'a que 12 centimètres de long ; il ressemble beaucoup au linot, mais le mâle conserve toute l'année les teintes rouges qui ne brillent qu'au printemps sur la tête et la poitrine du linot.

Le sizerin effectue son passage par petites bandes, à une époque très-avancée de la saison, quand tous les autres passereaux, sauf le tarin, sont déjà partis. On le prend facilement au filet à l'aide d'appeaux vivants ou de sifflets ; cet oiseau exige l'emploi de cages spéciales, car sa taille lui permet de se glisser entre les barreaux des cages ordinaires.

SKYE-TERRIER. C'est une très-jolie race de chiens anglais généralement employés comme chiens d'appartement, bien qu'il ne soit pas difficile d'en tirer parti pour la chasse.

Ce chien est surtout remarquable par la forme basse et allongée de son corps qui lui donne l'aspect d'une belette ; le skye de race pure mesuré du bout du nez à la pointe de la queue, doit avoir en longueur trois fois sa hauteur. Toute sa face est cachée par les longs poils qui lui tombent sur les yeux ; son nez est pointu ; ses yeux sont vifs et perçants, quoique petits, comparés à ceux de l'épagneul. Les oreilles sont longues et retombantes, mais sans coller absolument à la tête ; la queue est longue, mais les vertèbres en sont menus ; elle ne retombe pas sur le dos, mais elle forme une courbe légère et gracieuse qui l'empêche de toucher le sol. Les couleurs les plus recherchées sont le fauve et le noir et surtout une sorte de gris-bleu assez sombre ; la moindre trace de blanc est considérée comme un défaut grave. Le poil est long, mais assez dur ; il doit pendre presque jusqu'au sol et n'être ni soyeux ni laineux ; le poil frisé est considéré comme un défaut.

On voit beaucoup de ces chiens qui n'appartiennent pas à la race pure et qui cependant ne sont pas sans valeur ; ils proviennent de croisements avec le dandie ou avec l'épagneul. Dans ce dernier cas, ils ont un pelage soyeux et souvent d'un noir de jais fort beau, mais qui prouve le mélange de sang. Ce dernier croisement est plus commun à Londres et presque aussi recherché que le chien pur.

SOLE. C'est une partie du pied du cerf; c'est la cavité comprise entre les pinces, les talons et les côtés. L'âge et aussi la fréquentation de localités pierreuses ont pour effet de faire venir la sole au niveau des côtés; au contraire, chez les animaux jeunes qui habitent des terrains humides, la sole est toujours très-profonde.

SOLITAIRE. C'est le terme le plus fréquemment employé pour désigner un sanglier de plus de cinq ans. On dit encore : grand vieux sanglier ou sanglier miré.

SORS. Terme de fauconnerie; on appelle faucon sors celui qui a été pris tout jeune avant qu'il ait fait sa première mue. Le faucon sors est meilleur que le faucon niais (pris au nid) et moins bon que le faucon hagard (pris adulte). Il faut plus longtemps pour affaiter ce dernier que le faucon sors qui, de son côté, est plus difficile à dresser que le faucon niais.

SOUCHET. *Shoveller.* ANAS CLYPEATA. Le caractère principal de cette espèce, qui appartient à la famille des Anas, c'est la forme singulière du bec, large, épâté et affectant la figure d'une spatule; c'est évidemment à ce bec que l'animal doit son nom anglais.

Le souchet est un fort bel oiseau dont le plumage brille de tous les tons éclatants; il se rencontre fréquemment en Hollande et moins souvent en France et en Angleterre; il niche cependant dans cette dernière contrée, et notamment dans le Norfolk, mais il y est peu abondant.

Les jeunes souchets sans être d'un abord difficile, se défendent mieux que les jeunes canards sauvages et leur chasse offre par conséquent plus d'attrait; elle se fait en été comme celle des albrans.

Il existe une variété du souchet qui porte en Angleterre le nom de *redbreasted - shoveller* (souchet à poitrine rouge). Elle est fort rare.

SOUFFLER AU POIL. Terme de chasse à courre. On dit que les chiens soufflent au poil quand ils approchent un animal au point de paraître le toucher.

SOUFRE. Cette matière réduite en poudre fine entre dans la composition de la poudre de chasse. La quantité n'est guère que du sixième de celle du salpêtre. Dans la poudre de guerre, le soufre entre en poids égal avec le charbon, mais dans la plupart des poudres de chasse, la quantité de soufre est moindre. Dans la poudre de mine, au contraire, il entre un tiers de plus de soufre que de charbon.

SOUGARDE. C'est le nom d'une des parties du fusil de chasse. On désigne ainsi la pièce d'acier formant demi-cercle qui sert à protéger les détentes.

SOUILLE. C'est le nom que l'on donne à l'endroit fangeux dans lequel le sanglier prend son repos. Le souille, qu'on appelle aussi bauge, conserve souvent l'empreinte du corps de l'animal et permet ainsi au veneur de le juger.

SOULCIE. Cet oiseau porte aussi le nom de moineau de bois ; on le distingue des deux autres variétés du moineau, le pierrot et le friquet, en ce que son plumage est d'un ton plus terne, manquant des tons marrons qui brillent sur la tête du pierrot mâle.

Le soulcie n'habite que les bois ; à l'époque du passage, on le rencontre par bandes très-nombreuses et sa chasse est productive, car il est beaucoup moins fin que le friquet et surtout que le moineau franc. C'est à une heure assez avancée de la matinée que les bandes considérables de soulcies se présentent d'ordinaire ; les petites bandes de cinq à dix individus passent indifféremment à toute heure.

Il est très-utile de posséder de bons appeaux de soulcies ; cependant, à leur défaut, les friquets ou les moineaux francs peuvent en tenir lieu jusqu'à un certain point.

SOURDE. C'est le nom que les chasseurs français donnent à une variété de la bécassine dont les couleurs sont assez vives et le vol lourd.

SPIPOLETTE. C'est une des nombreuses variétés de l'alouette ; elle porte encore le nom d'alouette des champs.

SPRINGER. Nom d'une sous-race de l'épagneul anglais, comprenant plusieurs variétés, notamment le Sussex, le Norfolk, le Clumber, etc. (Voyez *Épagneul anglais*.)

SUCERRE. On donne ce nom dans certaines contrées de la France à une variété de la grive, dont la taille n'est presque pas inférieure à celle de la pie. Elle est assez rare.

SUITES. C'est le nom que donnent les chasseurs aux testicules du sanglier. Il est nécessaire de les couper aussitôt que la bête est morte.

SUITES. Terme de chasse à courre. On donne des suites à un jeune chien courant que l'on veut dresser, quand on lui fait suivre une piste au droit et au contrepied.

SURALLER. Terme de chasse à courre. Ce mot a un sens double, suivant qu'il s'applique à la bête chassée ou au chien.

Un chien, et notamment un limier, suralle quand il traverse la voie d'un animal sans en donner connaissance.

Une bête se suralle quand elle revient sur ses propres voies.

SUR-ANDOUILLER. Le sur-andouiller est le second andouiller en comptant à partir de la meule; tandis que le maître-andouiller se projette en avant, celui-ci s'écarte sur le côté extérieur de la tige. Le sur-andouiller est plus court que le maître-andouiller.

SYLVIÉS. Famille de l'ordre des Passereaux, qui comprend tous les petits oiseaux à bec fin, tels que rossignol, fauvette, rouge-gorge, troglodyte, roitelet, hoche-queue, traquet, pipi, etc.

TADORNE. *Burrough-Duck.*
ANAS TADORNA. Un détail extrêmement curieux quant aux
mœurs de cet oiseau lui a valu
son nom dans presque toutes
les langues. Il s'appelle en effet
canard-lapin, ou canard-renard,
ou encore canard-terrier, parce
qu'il a coutume de faire son nid
dans un terrier de lapin.

Le tadorne est un oiseau magnifique, un peu plus gros que
le canard sauvage, mais doué
de plus de grâce et de légèreté.
Le fond de son plumage est
blanc ; sa tête et une partie de
son cou sont d'un noir lustré de
vert ; un collier blanc entoure
le bas de son cou ; une ceinture
d'un beau jaune canelle lui

28

orne la poitrine, les épaules, et va s'éteindre sur le bas-ventre ; ses ailes sont variées de noir, de roux, de blanc et de vert ; la queue est blanche, tachetée de noir ; ses pattes sont d'un rouge pâle ; le bec est rouge, mais avec les narines noires ainsi que le petit crochet qui le termine. La femelle ressemble au mâle, mais elle a beaucoup moins d'éclat.

On voit souvent en été des bandes composées de trente ou quarante tadornes dont deux vieux ; comme ces oiseaux ne couvent jamais plus de quatorze œufs, il faut supposer que plusieurs couvées réunies sont confiées aux soins du même couple. Quand ces bandes sont poursuivies par un chasseur, les deux vieux s'envolent et laissent les jeunes oiseaux se tirer d'affaire comme ils peuvent. Ordinairement ils cherchent à échapper en plongeant, et il est rare qu'on en tue beaucoup, parce qu'ils se dispersent dans toutes les directions. Les tadornes ont la vue très-perçante et beaucoup de vigilance ; la chasse des oiseaux adultes en canot ou autrement est très-ingrate, d'autant plus que ces oiseaux ne sont guère mangeables. Quant aux jeunes, on parvient souvent à les prendre en vie et ils sont faciles à élever ; on leur donne du pain et de l'eau trois fois par jour. Le colonel Hawker affirme que si on les laisse aller à l'eau ou seulement boire à volonté avant qu'ils aient atteint toute leur croissance, ils ne tardent pas à périr ; ce fait paraît difficile à croire malgré l'affirmation très-sérieuse de cet écrivain.

TALON DE LA CROSSE. L'angle arrondi de la crosse du fusil ; l'angle aigu s'appelle nez de la crosse.

TALON. On donne le nom de talon à la partie postérieure du pied des cerfs, daims et chevreuils.

TAMBOUR. Cet instrument fait partie de l'attirail du chasseur aux filets. C'est une sorte de cage très-basse et assez longue dont la partie supérieure est recouverte d'une toile. Les oiseaux que l'on vient de prendre se détruiraient si on les plaçait dans une cage ordinaire. On donne parfois au tambour le nom d'égrainoir.

TAPIR. *Tapir.* TAPIRUS. Le tapir est un habitant des con-

trées tropicales de l'Amérique ;
il y tient la place qu'occupent
dans d'autres parties du monde
le rhinocéros ou l'hippopotame.

Le tapir est amphibie, en ce
sens qu'il va fréquemment à
l'eau, nage et plonge parfaitement et se nourrit surtout de
plantes aquatiques. Mais quand
il est sur terre, c'est dans la
partie la plus profonde et la
plus sèche des forêts qu'il cherche un repaire où il dort la plus
grande partie de la journée. A
la tombée du jour, il sort de sa
retraite, et par un chemin toujours le même il se rend à la rivière qu'il quitte de nouveau le
matin.

Le tapir est un animal timide
et craintif ; quoique doué d'une
force redoutable, il ne s'en sert
que quand il se voit attaqué et
seulement dans le but d'échapper à ceux qui le poursuivent.
Sa chasse est en grand honneur
parmi les Indiens de l'Amérique
méridionale ; ceux-ci font grand
cas de sa peau, qui leur sert à
fabriquer des sandales, des bou-
cliers et toutes sortes d'objets.

C'est ordinairement la trace
de ses traversées quotidiennes
du bois à la rivière qui fait connaître aux chasseurs l'habitation du tapir ; ils se rassemblent
en grand nombre et se divisent
en deux bandes dont la première s'entasse dans un certain
nombre de canots, tandis que
l'autre va relancer l'animal dans
sa tanière. Comme on connaît
d'avance l'endroit exact où le
tapir viendra prendre l'eau, il
est rare qu'une décharge de carabine ne l'abatte pas à son apparition ; si l'animal, quoique
blessé, conserve la force de s'é-
lancer au fond de l'eau, les Indiens n'hésitent pas à y plon-
ger, le coutelas entre les dents,
pour aller achever leur gibier.

TARIN. *Tarin.* Fringilla spi-
nus. Cet oiseau appartient à la
famille des Fringillés, genre
moineau. C'est de tous les petits
passereaux celui dont le passage
s'effectue le plus tard, car il ne
paraît guère qu'au commencement de novembre ; il passe en
grandes bandes et il arrive parfois que l'oiseleur réussisse à en
capturer une cinquantaine d'un
seul coup de filet.

Le tarin n'est guère plus
grand que le sizerin ; son plumage est mêlé de jaune, de
noir et de vert ; cette dernière
couleur dominant. Cet oiseau
n'est pas fort rusé, mais comme
il hésite longtemps avant de se
poser, sa chasse n'est pas sans
de fréquentes déceptions. On

voit souvent une bande tourner dix fois autour du filet ; si l'un des oiseaux se détermine tout à coup à s'y abattre, tous le suivent à l'instant, mais si, au contraire, un des tarins s'avise de pousser un cri d'alarme et de s'envoler, toute la bande disparaît en un clin d'œil.

TARDER. Terme de chasse à courre. On dit qu'une bête tarde quand l'empreinte de ses pieds postérieurs se trouve en arrière de celle de ses pieds de devant.

TARSE. C'est le doigt séparé du pied des oiseaux qui correspond à peu près au pouce de la main humaine.

TAYAU. C'est un cri usité dans la chasse à courre ; il correspond exactement à celui de *Vloo*, seulement on crie *Tayau* quand il s'agit de fauve, et *Vloo* quand il s'agit de bêtes noires ou de bêtes puantes.

Ce cri signifie que celui qui le pousse aperçoit l'animal de chasse. Les veneurs doivent mettre beaucoup de circonspection à pousser ce cri, et, si certains qu'ils soient que c'est bien l'animal de meute qu'ils aperçoivent, encore feront-ils bien de s'abstenir si les chiens sont

très-loin, car, en pareil cas, si ceux-ci quittent la voie, il peut arriver qu'ils ne la puissent retrouver.

TENDERIE. Voyez *Tendue*.

TENDUE. On donne le nom générique de Tendue ou de Tenderie à l'ensemble des engins usités dans les diverses chasses aux petits passereaux. On appelle donc tendue, l'espace occupé par le filet, de même que l'endroit où l'on a placé des gluaux. On dit encore : tendue aux grives, en parlant de la partie de bois dans laquelle ont été distribués les lacets qui servent à prendre ces oiseaux.

Le mot de tendue n'est employé dans son sens tout à fait propre qu'en ce qui concerne la chasse aux filets, puisque cet engin seul consiste en un ensemble de cordes auquel leur tension permet d'avoir une action efficace. C'est par extension que ce terme a été appliqué également aux gluaux et aux lacets.

TENIR. Terme de chasse à tir. On dit que le gibier tient quand il se laisse approcher à portée ; dans un autre sens, on dit que le chien tient bien l'arrêt, quand il ne montre aucune velléité de s'élancer sur le gibier.

TENIR AUX CHIENS. Expression synonyme de : Faire tête.

TERRIER. On donne le nom de terrier à l'habitation du renard, du blaireau et du lapin. Le terrier a ordinairement un certain nombre de gueules d'où partent des avenues qui viennent aboutir à un carrefour ou place centrale à laquelle on donne le nom de mère.

Un conduit étroit portant le nom de fusée part de la mère et mène à l'accul, petite salle qui n'a pas d'autre issue et qui sert de dernière retraite à l'animal.

TERRIER. On désigne sous ce nom toute une catégorie de chiens qui varient entre eux de taille et d'apparence ; les terriers constituent une race précieuse qui dans le principe était employée en Angleterre concurremment avec les meutes de chiens de renard. Aujourd'hui que les terriers sont soigneusement bouchés à l'avance, il est fort rare qu'il faille creuser pour trouver le renard, et comme c'était dans ces occasions seulement que le chien était utile pour indiquer par ses aboiements l'endroit exact où se trouvait le gibier, on l'a supprimé dans les meutes modernes. L'origine du terrier, comme celle de beaucoup d'autres variétés, est obscure ; quelques-uns mettent en doute son antiquité ; il est cependant difficile d'admettre que le chien si minutieusement décrit par Oppian ne soit pas le terrier. Buffon le classe avec le chien courant ; il n'est pas du tout improbable qu'il en descende, et que des croisements fréquents aient amené cette diversité de taille, de couleur et de qualités que l'on constate aujourd'hui.

TERRIER ANGLAIS. Race de petits chiens connus sur le continent sous le nom de terriers noir et feu et en Angleterre sous ceux de black-and-tan-terrier et english-terrier. Voyez ce dernier mot.

TERRIER DE RENARD. *Fox Terrier.* C'est à peu près le seul des terriers de race anglaise qui serve exclusivement à la chasse. C'est un chien presque toujours blanc, à poil court et rude, fort et courageux. Il a,

Terrier de renard.

comme le bull-terrier, du sang du bull-dog, mais en infiniment moindre quantité.

TERRIER ÉCOSSAIS. *Scotch Terrier.* C'est la plus belle espèce de terriers. Il en existe un grand nombre de variétés, les unes à poils ras, les autres à poils longs et de tailles diverses. Les plus grands sont d'excellents chiens de chasse, excessivement hardis et acharnés à la poursuite de toutes les bêtes puantes; les plus petits sont des chiens d'appartement.

On pense que les différences qui se rencontrent dans la longueur du poil proviennent du climat, et que les poils longs ont leur origine dans des variétés formées dans les contrées septentrionales de l'Écosse. On trouve des terriers écossais depuis 15 jusqu'à 36 centimètres; ils ont toujours le poil rude, quelle que soit sa longueur; on trouve aussi une race à poils de longueur mixte, provenant de croisements entre les deux variétés.

TEST ou TÊT. C'est l'os frontal des cerfs, daims et chevreuils, d'où sortent les perches.

TÊTE BIZARRE. On donne ce nom aux têtes de cerfs qui ne sont pas régulières, dont les andouillers sont mal semés, dont le merrain est contourné, etc.

TÊTE COUVERTE. Terme de chasse à courre qui s'emploie à l'égard du fauve rentré dans son fort.

TÊTE DU CERF. En langage de vénerie, le mot de tête ne s'applique proprement qu'au bois ; le chef lui-même porte le nom de massacre. La tête part de l'os frontal qui porte le nom de têt ou de test ; la partie qui touche au crâne s'appelle pivots. Au sommet des pivots, se voit une sorte de bourrelet auquel on donne le nom de meules. Immédiatement au-dessus de ces pièces, commence la tige principale, qu'on nomme merrain ou perche et sur laquelle poussent les andouillers.

Le premier andouiller ou maître-andouiller est placé très-bas sur le merrain ; il projette en avant et se trouve placé de façon à constituer l'arme la plus dangereuse ; sans le maître-andouiller, la tête du cerf serait à peu près inoffensive ; vient ensuite le second andouiller ou sur-andouiller, et le troisième andouiller ou chevillure ; quand il y a un quatrième andouiller, ce qui est rare, il se nomme trochure.

Les autres andouillers ne portent pas de noms distincts ; ils se présentent les uns à côté des autres à la partie supérieure du bois qui porte le nom d'empaumure, parce qu'elle a souvent la forme d'une main dont les cors représentent les doigts étendus.

TÊTE (Faire). Terme de chasse à courre. On dit qu'un animal fait tête aux chiens dans le même sens qu'on dit qu'il est aux abois.

TÊTE OUVERTE. On désigne sous ce nom la tête du cerf quand les deux perches sont fort écartées l'une de l'autre.

TÊTE PAUMÉE. On désigne ainsi la tête du cerf quand la sommité affecte la forme d'une main.

TÊTE ROUÉE. On donne ce nom à la tête des cerfs dont le bois est arrondi de telle sorte que le merrain prend l'aspect d'une partie de roue.

TIERS-AN. Terme de vautrait. On donne ce nom au sanglier qui a atteint sa troisième année.

TIGRE. *Tiger.* Felis Tiger. Comparé au lion, le tigre est plus élancé ; il a la tête plus ronde. La partie supérieure du corps est jaune, le dessous blanc et toute la peau est sillonnée de raies noires du plus bel aspect.

C'est dans l'Inde que se rencontre la plus belle variété de cet animal, le tigre royal ou du Bengale. Les résidents anglais lui font une guerre acharnée mais qui ne peut, vu la nature du pays, diminuer d'une façon notable le nombre de ces animaux. Les naturels se bornent d'ordinaire à construire des trappes au milieu desquelles ils placent un chien ou une chèvre qui sert d'appât. Le tigre, en s'approchant de cette proie, tombe dans un fossé profond dont les parois surplombants rendent toute évasion impossible. Les grandes chasses au tigre se font à dos d'éléphant et avec le concours d'un grand nombre de rabatteurs qui battent la jungle. Attaqué ainsi par une foule d'ennemis, le tigre ne songe qu'à fuir, et ce n'est que s'il est entouré ou menacé dans un endroit découvert qu'il prend l'offensive. Quand le tigre s'élance sur un éléphant, ce dernier parvient la plupart du temps à le rejeter à terre par une violente secousse et place immédiatement le pied sur lui; souvent même l'éléphant se jette à genoux sur son ennemi : dans l'un et l'autre cas, le tigre est immédiatement écrasé. Quand l'éléphant ne peut faire tomber le tigre qui s'accroche à lui, les chasseurs sont exposés à de grands dangers, car il cherche d'ordinaire à écraser son adversaire en se roulant sur le sol.

Il existe encore un procédé de chasse antique assez original pour être cité. Les naturels sèment dans les endroits de la jungle que l'animal fréquente, de larges feuilles recouvertes d'une sorte de glu épaisse. Ces feuilles adhèrent à ses pieds et à son pelage; le tigre cherche à s'en défaire avec les pattes, puis avec les dents, et il finit presque toujours par s'introduire dans les yeux cette glu mêlée d'un poison subtil qui l'aveugle et cause sa mort.

TINTEURS. Ce terme fait partie du vocabulaire de la chasse aux filets. Quand l'oiseleur ne possède pas un nombre suffisant d'oiseaux appelants qui aient été soumis à la mue forcée, il les renforce à l'aide d'oiseaux nouvellement pris qui ne chantent pas mais qui crient. C'est ce qu'on appelle des tinteurs. De bons pinsons tinteurs peuvent rendre de grands services, mais ils ne dispensent pas de l'emploi des oiseaux chanteurs.

TIRANT. C'est, dans le vocabulaire de la chasse aux filets, la corde longue et solide dont une partie est divisée en deux branches et qui sert à fermer le filet.

TIRASSE. Cet appareil, qu'on nomme aussi traîneau, est le plus terrible engin de destruction du gibier que l'on connaisse. C'est un énorme filet carré à larges mailles monté sur deux perches de bois léger que deux braconniers portent la nuit le long des campagnes. A la partie postérieure du filet, quelques petites bottes de paille attachées à des ficelles traînent sur le sol et font lever le gibier. Aussitôt, les porteurs lâchent leurs bâtons et les compagnies entières de perdreaux sont prises en une fois. La difficulté qu'on éprouve à défendre les perdreaux contre cette catégorie de braconniers est énorme ; ces individus viennent s'établir dans un canton ; ils étudient les mœurs des perdreaux et en très-peu de jours ils connaissent leurs principales remises, car en temps de chasse close les perdreaux changent rarement de place. Dès lors ils profitent de la première nuit noire, et le lendemain ils quittent le pays emportant de 50 à 100 perdreaux que le garde cherchera vainement désormais.

Les chasseurs dont les terres sont situées à peu de distance des grandes villes, ne doivent point négliger d'avoir du monde sur pied chaque nuit pendant la huitaine qui précède l'ouverture ; à cette époque, les braconniers sont plus audacieux que jamais, parce qu'une fois la chasse ouverte ils peuvent vendre sans précaution aucune le produit de leurs déprédations.

TIRE-BOURRE. C'est un instrument composé de deux pointes de fer aiguës roulées en spirales et semblables à un tire-bouchon double. Cet instrument s'applique au bout de la baguette au moyen d'un pas de vis et sert à décharger les fusils à baguette.

TIRER A BLANC. Terme de chasse à tir. On l'applique à la chasse du lapin faite à l'aide de furets, mais en laissant les gueules des terriers ouvertes. Quand les lapins en sortent chassés par les furets, les chasseurs les abattent à coups de fusil. Ce tir est extrêmement difficile à cause de la rapidité avec laquelle l'animal s'élance hors du terrier; il exige une tête froide et une main ferme.

TIRER AU JUGÉ. Voy. *Jugé.*

TIRER AU LONG. Terme de chasse à courre. Une bête tire au long quand elle perce droit devant elle.

TITRE. Terme de chasse à courre. On donne ce nom à l'emplacement qu'occupent les relais. Voyez *Chasse à titre.*

TOILES. On donne ce nom aux énormes filets qui servent à prendre les grands animaux dans les domaines privés.

TONNELLE. C'est un filet fait en forme de sac qui se termine en pointe; pour s'en servir, on y introduit des cerceaux de diverses dimensions qui le tiennent ouvert. A l'extrémité de la tonnelle, deux bandes de filets soutenues par des piquets s'étendent de chaque côté et servent à diriger vers la tonnelle les perdreaux ou faisans qui s'en trouveraient rapprochés. La tonnelle est un engin de chasse absolument suranné; les lois défendent aux chasseurs de s'en servir, et pour les braconniers, elle constitue un instrument trop visible et à la fois trop peu productif.

TONNERRE. C'est la partie du fusil qu'occupe la charge de poudre. Dans les fusils à baguette, le tonnerre n'est autre chose que l'intérieur de la culasse qui s'adapte au canon par un pas de vis. Dans les Lefaucheux, au contraire, on donne le nom de culasse à la pièce plate en acier qui s'applique contre l'extrémité du canon, et le tonnerre est la partie renforcée de ce même canon.

TOUCHER AU BOIS. Terme de chasse à courre. Le cerf touche au bois ou fraye, quand il frotte sa tête aux troncs d'arbre pour se débarrasser des restes de la peau qui enveloppe sa ramure à l'origine.

Tant que l'animal n'a pas frayé, il n'est pas aussi dangereux, mais quand il a touché au bois, la blessure faite par ses andouillers est presque toujours mortelle.

TOURDELLE. Voyez *Litorne.*

TOURTERELLE. *Turtledove.* Columba Turtur. Cet oiseau appartient à l'ordre des pigeons; il est de beaucoup plus petite taille que le ramier, auquel il ressemble quant à la couleur et à la forme ; la tourterelle n'a que 30 centimètres de long ; elle pèse six onces. On ne tire guère les tourterelles en plaine qu'à la fin d'août et au commencement de septembre ; à cette époque, on les rencontre assez abondamment dans les pays de vignes ; on les voit aussi parfois dans les chaumes de blé, mais peu de temps après l'ouverture de la chasse elles se réunissent en bandes et dès lors il devient impossible d'en approcher.

A l'époque où les tourterelles qui sont oiseaux de passage arrivent dans nos climats, on les chasse parfois à l'aide d'appeaux qui imitent leur roucoulement. On peut aussi réussir à les abattre pendant tout l'été en les cherchant dans les grands bois où elles nichent. Le roucoulement qu'elles font entendre très-fréquemment et surtout le matin et le soir, sert à les faire découvrir. Quoique ces oiseaux soient défiants quand ils sont en plaine, il est rare que sous bois ils s'inquiètent de la présence de l'homme au pied de l'arbre élevé sur lequel ils perchent. La difficulté ne consiste donc qu'à apercevoir l'oiseau au milieu des branches touffues qui le récèlent.

TRACE. On donne ce nom au pied du sanglier. On juge assez bien le sanglier sur la trace. A mesure que l'animal vieillit, la distance entre le pied et les gardes ou ergots diminue ; l'empreinte des gardes et la distance à laquelle elles se trouvent des talons permet donc d'estimer approximativement l'âge de l'animal. De plus, si l'animal est très-âgé, on peut voir entre les gardes et le talon l'empreinte des rides qui dans ce cas sillonnent la peau. La laie a le pied plus long que le sanglier ; elle est plus haut jointée ; elle place le pied postérieur un peu en dedans de celui de devant, tandis que pour le sanglier, l'empreinte du pied de derrière se voit en dehors de celle du pied de devant.

TRAINE. On dit que les perdreaux sont en traine aussi longtemps qu'ils suivent leur mère en courant sans pouvoir encore faire usage de leurs ailes.

TRAINEAU. Voyez *Tirasse.*

TRAINÉE. Quand on a placé

des piéges destinés aux loups ou à d'autres carnassiers, on attache à une corde un morceau de viande que l'on traîne dans les alentours, de manière à produire un certain nombre de pistes qui toutes aboutissent au piége. On augmente ainsi dans une proportion notable les chances d'attirer les animaux dans le piége.

TRAIT. C'est le nom qu'on donne au cordon qui est attaché au collier du limier.

TRAMAIL ou TRÉMAIL. C'est un filet formant un double hallier disposé de façon que le gibier y soit pris de quelque côté qu'il vienne. Voyez *Hallier*.

TRAQUE. Voyez *Chasse en battue*.

TRAQUENARD. Ce piége est très-répandu ; il est formé de deux demi-cercles de fer garnis de pointes acérées qui sont rapprochées l'une de l'autre et maintenues serrées par un ressort dont l'effet se produit aussitôt qu'un animal quelconque a fait jouer le mécanisme de la margette.

On fabrique des traquenards de toute dimension ; les grands sont employés pour les carnassiers ; ceux de dimension moyenne servent à prendre les oiseaux de proie ; et quant aux petits, on les applique à la destruction des rats.

TRAQUET-MOTTEUX. Saxicola. Ce petit oiseau, qui forme un genre de la famille des sylviés, partage avec le bécasseau la dénomination familière de cul-blanc. Son nom lui vient d'une particularité de ses mœurs qui consiste à choisir toujours pour s'y poser les mottes de terre les plus élevées. Les traquets se prennent bien aux gluaux ; on en prend rarement aux filets, parce que la plupart des oiseleurs négligent de se munir d'un appeau vivant, cet oiseau n'étant jamais bien commun. Mais avec un bon appeau, il est presque impossible de manquer aucun de ceux que l'on apercevra.

Comme tous les becs-fins, le traquet est un excellent manger ; beaucoup de chasseurs ne dédaignent pas de lui envoyer un coup de fusil quand l'occasion s'en présente.

TRAQUEURS. On donne le nom de traqueurs à ces troupes d'individus qui, armés d'un bâton et rangés en ligne, battent les fourrés, les haies et les broussailles et forment un accessoire indispensable de la chasse en battue.

Quoique le devoir des traqueurs semble des plus simples, il est assez rare d'en trouver de parfaits; l'expérience et les conseils d'un bon garde chargé de les diriger aideront bientôt à les former, pourvu que l'on ait soin d'employer toujours les mêmes, au lieu d'en prendre de toutes mains comme on a le tort de le faire sur beaucoup de chasses. Quand il s'agit de tirer des faisans ou des bécasses, les traqueurs ne sauraient guère faire trop de bruit, tandis que pour le coq de bruyère, la perdrix, la bécassine, ils doivent être aussi silencieux que possible. Ceci bien entendu ne s'applique qu'au cas où l'on veut tuer le plus de gibier possible, car il arrive souvent que l'on prend exactement le contre-pied de ces instructions dans le but d'épargner le gibier.

Le traqueur ne doit jamais pousser de cri quand il fait lever une pièce de gibier; ce n'est que dans le cas où l'animal s'enfuit en arrière qu'il est de son devoir d'appeler l'attention du chasseur; il aura soin, dans ce dernier cas, de se coucher à plat ventre pour permettre au sportsman de tirer. Dès qu'un coup de fusil a été tiré, les traqueurs doivent s'arrêter et attendre que l'arme soit rechargée. A un signal convenu d'avance, la ligne de traqueurs et de chasseurs se remet en mouvement.

TRAULLER ou **TROLER.** Terme de chasse à courre. C'est battre le terrain avec les chiens pour trouver un gibier que l'on n'a point détourné. Cette expression est donc synonyme de celle de quêter en billebaude.

TRÉBUCHET. On donne ce nom générique à une importante catégorie de piéges parmi laquelle on compte les assommoirs de toutes dimensions, les mésangettes, trébuchets à filets, trébuchets-cages, etc. Le trébuchet primitif consiste simplement dans un trou creusé en terre que vient recouvrir une dalle soutenue par un tiquet de bois.

TRÉBUCHET A FILET. Cet instrument est composé d'un arc en jonc formant demi-cercle; la corde de cet arc est double et tordue de manière à lui donner une forte tension dans un sens quelconque, et les bouts sont attachés à des piquets fichés en terre. L'arc est muni d'un filet; on le maintient ouvert à l'aide du mécanisme commun à tous les trébuchets et on place l'appât au milieu; l'oiseau qui vient y toucher se voit immédiatement recouvert par le filet.

On remplace avec avantage l'arc de jonc par un fil de fer et la corde tordue par un ressort d'acier. C'est de cet engin que l'on se sert pour la chasse aux rossignols.

TRÉBUCHET-CAGE. Ce piége est simple ou double; dans le premier cas, il se compose simplement d'une cage, d'un battant et d'une marchette; le double, au contraire, comprend d'abord une cage fermée qui contient un appeau vivant, puis d'une ou de deux trappes placées au-dessus.

TRÉBUCHET SANS FIN. Les trébuchets-cages doivent être retendus aussitôt qu'un oiseau s'y fait prendre; pour obvier à cet inconvénient, on a inventé un instrument qui porte le nom de trébuchet sans fin et qui permet de prendre un nombre indéfini d'oiseaux sans devoir être retendu. Le mécanisme du trébuchet sans fin est construit sur la même base que ces tourniquets que tout le monde a vus et qui permettent de sortir d'un endroit, mais non d'y entrer.

TROCHES. Terme de chasse à courre; on donne le nom de fumées en troches aux fumées ramassées et à demi formées que le cerf jette au mois de juillet.

TROCHURE. Terme de chasse à courre. Le nombre normal de cors ou andouillers qui garnissent la tige principale du bois du cerf est de trois. Quand, par exception, on en compte un quatrième entre la meule et l'empaumure, ce dernier s'appelle trochure. La trochure, quand elle existe, est donc placée au-dessus de la chevillière et, d'ordinaire, du côté opposé du merrain.

TROGLODYTE. *Troglodyte.* Cet oiseau, qu'on confond souvent avec le roitelet, appartient, comme lui, à la famille des sylviés; il est un peu plus gros et n'a point sur la tête cette tache de feu qui a valu

son nom au roitelet. Le troglodyte est, après la mésange et le
rouge gorge, l'oiseau qui se fait
prendre le plus facilement aux
gluaux ; il est répandu partout,
mais il ne se réunit jamais en
bandes ; quoique cet oiseau soit
fort commun, il est très-rare
qu'on en voie deux réunis.

TROISIÈME TÊTE. Terme
de chasse à courre ; à l'âge de
quatre ans, le cerf porte six à
huit andouillers ; on l'appelle
alors : cerf à sa troisième tête,
et il garde ce nom jusqu'à cinq
ans.

TROIS-QUARTS. Le levraut
porte à quatre mois le nom de
demi-levraut et à six mois celui
de trois-quarts ; il conserve
cette dernière qualification jusqu'à l'âge de neuf mois auquel
il devient lièvre.

URUS. Variété de taureau sauvage de l'Amérique méridionale. Ces animaux sont réunis en grands troupeaux. Pour s'en emparer, on les force à cheval ou bien on se sert du lazzo. Le dernier moyen est plus expéditif, mais est considéré comme moins attrayant.

USÉ. Le pied des bêtes fauves indique la vieillesse quand il est usé, à moins que l'animal n'habite un sol rocailleux.

USTENSILES. Plusieurs écrivains cynégétiques recommandent aux chasseurs de dresser la liste de tous les objets qui leur sont indispensables et de la placer dans un endroit où il soit facile de la consulter au moment du départ pour la chasse.

Voici la liste des objets dont un chasseur au chien d'arrêt doit être muni :

Fusil — gaîne à fusil — cartouches—idem à longue portée — carnassière — port d'armes — fouet — sifflet — gourde — montre — bourse — mouchoir de poche — gants — canif — ficelles — épingles — crochet (pour faire sortir les cartouches brûlées).

Le chasseur qui se servirait d'un fusil à baguette devrait avoir en outre les articles suivants :

Poire à poudre — sac à plombs — bourres — capsules — chargette.

VACHE ARTIFICIELLE. C'est un moyen très-efficace, qui autrefois était fréquemment employé, pour approcher toutes les espèces de gibiers farouches. Aux époques reculées, où le chasseur ne tirait qu'au repos (le tir au vol ne remonte qu'à deux siècles), l'usage de procédés de ce genre était presque toujours indispensable. L'artifice le plus grossier suffisait pour rassurer le gibier, et de nos jours encore, beaucoup de gardes-chasses se placent sur une charrette pour approcher les geais ou les pics qu'ils veulent détruire. Voy. *Abri mobile.*

VAINES FUMÉES. Terme de vénerie pour désigner les fumées légères et mal formées.

VALET DE LIMIER. C'est le nom que l'on donne à celui qui remplit la charge difficile de faire le bois, c'est-à-dire de s'assurer que le gibier que l'on va poursuivre se trouve dans une enceinte déterminée. Voyez à l'article *Cerf*, la description des procédés à employer pour accomplir cette tâche.

Le valet de limier est parfois chargé aussi de mettre la bête sur pied. Dans ce cas, il laisse son chien pénétrer dans l'enceinte, sans lâcher le trait, jusqu'à ce que le limier l'ait conduit au fort de l'animal et que celui-ci ait vidé l'enceinte. C'est ce que l'on appelle « lancer à trait de limier. »

VALOIR LE CHANGE. Terme de chasse à courre. Se dit des chiens dans le même sens que « prendre le change. »

Vanneau.

VANNEAU. *Bastard plover.* CHARADRIUS VANELLUS. Cet oiseau s'appelle également en anglais *Lapwing* et *Peewit*. Il est trop connu pour que nous en fassions la description ; c'est un oiseau superbe et sa crête, malgré ses dimensions disproportionnées, lui donne un air très-élégant. Le vanneau est de la grosseur du pigeon et pèse de 500 à 600 grammes. La différence entre le mâle et la femelle ne réside que dans la taille, un peu moindre chez la dernière. Le vanneau est assez répandu dans nos contrées; on le trouve sur les bruyères et les terrains marécageux où il se nourrit de vers qui constituent presque exclusivement sa nourriture. Sur les côtes de la mer on voit souvent les vanneaux réunis en grandes bandes et on en fait parfois de grands massacres à l'aide du fusil à longue portée.

Le vanneau est très-recherché pour la table; un vieux proverbe dit même : « Qui n'a » pas mangé de vanneau ne sait » pas ce que gibier vaut; » toutefois, sa notoriété culinaire lui vient surtout de ses œufs que les gourmets considèrent comme l'un des mets les plus fins qui existent. La femelle du vanneau en pond quatre; ils sont d'un vert olive sale.

Le tir du vanneau exige du tact et de l'habitude; quand ces oiseaux ont des petits et qu'un chien s'approche d'eux, ils volent en tournoyant autour de lui, dans le but de l'éloigner de leur nichée; les petits voient cet acte sans le comprendre, et à peine capables de se soutenir sur leurs ailes, ils l'imitent. Telle est du moins l'explication la plus vraisemblable que nous trouvons des allures bizarres que l'on remarque fréquemment chez ces oiseaux, quand le chasseur est accompagné d'un chien et qui ne se voient jamais s'il est seul. Dans ce cas, les vigoureux et rapides élans du vanneau mettent à l'épreuve toute l'adresse du tireur.

VANNEAU PLUVIER. *Grey-Plover*. TRINGA SQUATAROLA. Cet oiseau est aussi appelé parfois pluvier gris. Il a 30 centimètres de long et 60 à 65 d'envergure. Il pèse environ un demi kilogramme. Le dessus de la tête, le dos et les ailes sont d'un brun grisâtre, les bords des ailes sont d'un gris verdâtre. Le cou et les côtés de la tête sont blancs marqués de taches grisâtres. Le ventre et le croupion sont tout blancs. La queue, qui est courte et ne dépasse pas les pointes des ailes, est marquée de raies transversales blanches et noires; les jambes sont d'un vert sale. Ces oiseaux ne sont jamais très-abondants; on les voit arriver dans nos contrées en octobre, et ils s'en vont en mars; dans les grands froids, ils ne fréquentent guère que les bords de la mer, mais quand le temps est doux, ils pénètrent dans l'intérieur des terres et vont véroter dans les labourés. Ils passent à dormir une plus grande partie de la journée que d e la nuit.

Il paraît que ces oiseaux sont très-communs en Sibérie où ils arrivent en bandes énormes vers le mois d'octobre. Dans ces contrées septentrionales comme chez nous, on les voit arriver du Nord, d'où il résulte qu'ils doivent nicher dans les régions polaires.

VAUTOUR. *Vulture.* Vultur. Cet oiseau est peu répandu en Europe où l'on n'en connaît que deux variétés, le vautour fauve et le vautour cendré. On n'a jamais pu en tirer parti pour la fauconnerie. Les vautours ne sont point nuisibles; leur couardise et leur nonchalance les empêche de se livrer à la poursuite d'animaux vivants même inoffensifs. Leur présence est un grand bienfait pour les pays chauds, où ils sont surtout abondants, parce qu'ils font rapidement disparaître les corps en putréfaction qui pourraient être l'origine de miasmes putrides des plus dangereux.

VAUTRAIT. Ce mot s'emploie à peu près de la même façon que le mot vénerie; son sens seulement est moins étendu, puisque le terme de vautrait ne peut jamais s'appliquer qu'au sanglier, à l'exclusion de tout autre animal. C'est à la fois la chasse du sanglier et l'équipage qui sert à cette chasse. L'origine du mot est difficile à établir; peut-être vient-il de *ventrier* (prendre le vent), ou d'un autre vieux terme, *vautrier* (ramper). Voyez *Sanglier*.

VAU-VENT. Marcher à vauvent, c'est avoir le vent par derrière.

VÉNERIE. Autrefois le sens des termes de vénerie, veneur (*venator*), étaient aussi étendus que les mots actuels de chasse et chasseurs. Mais en les abandonnant pour l'usage général, on les a appliqués spécialement à la chasse à courre. De nos jours on entend par vénerie, la chasse à courre avec ou sans relais (grande ou petite vénerie). Le même mot s'applique à l'ensemble de ce qui sert à la chasse à courre : chevaux, chiens, piqueurs, valets, etc.

VERDIER. *Siskin.* Loxia chloris. Ce bel oiseau dans le plumage duquel le jaune et surtout le vert dominent, a souvent été confondu avec le bruant. Les oiseleurs parisiens appellent le verdier bruant, et le bruant à tête jaune verdier. La preuve de leur erreur est facile à établir ; il suffit de remarquer la structure du bec, qui chez le bruant à tête jaune est conique et d'une construction presque identique à ceux du bruant-ortolan et du bruant des roseaux, tandis que le bec très-développé à la base du verdier n'a aucune analogie avec celui de ces derniers oiseaux.

Le verdier est facile à prendre comme tous les oiseaux qui ne passent qu'en petites bandes ; on en verra rarement plus de cinq ensemble, et la plupart du temps ils se présentent par couples ou par trois. Leur chant n'est qu'une sorte de bruissement désagréable ; on peut l'imiter à peu près avec l'appeau A (voyez *Appeaux*), mais un appeau vivant de verdier n'en est pas moins indispensable.

VERMILLER. C'est l'acte du sanglier qui fouille la terre en zigzags pour y chercher des vers.

VERMILLONNER. Synonyme de vermiller.

VEROTER. Ce terme s'applique aux bécasses, pluviers et vanneaux qui, le matin et le soir, vont dans les localités basses et humides à la recherche des vers.

VIANDER. Quand il s'agit de fauve, cerfs, daims ou chevreuils, on ne peut employer le mot de brouter pour exprimer l'acte identique à celui des ruminants. On dit viander.

VIANDIS. Endroit où les cerfs, daims ou chevreuils vont pâturer.

VIEILLE-MEUTE. C'est la partie de la meute que l'on emploie pour lancer l'animal.

VIEUX-LOUP. En termes de vénerie, ce mot n'indique pas un loup d'âge avancé, mais tout animal de cette espèce qui a plus de deux ans.

VIGNON. *Scaup duck.* ANAS MARILLA. Une des espèces les moins répandues du genre canard. Ces oiseaux se voient l'hiver sur les côtes d'Angleterre et de Normandie ; on les confond souvent avec les millouins à qui ils ressemblent. Les vignons sont très-peu sauvages; il n'est guère besoin d'un fusil à longue portée pour les atteindre, car ils laissent généralement arriver le chasseur à portée d'un fusil ordinaire.

VIGOGNE. *Vicuna.* Comme le lama, l'alpaga et le guanaco, cet animal est une sorte de mouton d'Amérique. Le lama et l'alpaga sont des animaux domestiques; le premier est même employé à porter des fardeaux; la vigogne et le guanaco sont des animaux sauvages.

La chasse de la vigogne est une des plus curieuses des chasses américaines; elle a beaucoup de rapports avec le procédé qu'on emploie pour la capture des chevaux sauvages.

Pour chasser la vigogne, on construit dans une localité fréquentée par des troupeaux de ces animaux, une enceinte formée de pieux espacés de dix en dix mètres environ et ayant la forme ci-dessous :

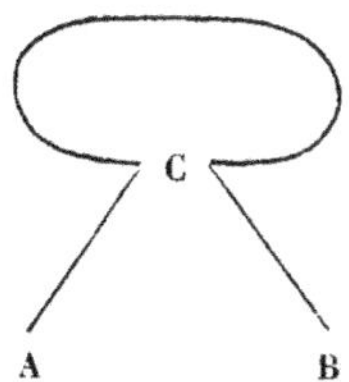

L'intervalle des pieux est comblé à l'aide de lambeaux d'étoffe. Les chasseurs réunis en grandes bandes traquent les troupeaux de vigognes jusqu'à ce qu'ils soient parvenus à les placer entre les points A et B. Dès lors, il est facile de les refouler dans l'enceinte circulaire, et une fois qu'ils s'y sont introduits, on ferme l'ouverture C, et les chasseurs abattent à coups de fusils par-dessus la palissade les animaux enfermés.

La grande difficulté de cette chasse est d'éviter qu'un ou plusieurs guanacos ne pénètrent dans l'enceinte, mêlés au troupeau des vigognes, car tandis que ces dernières ne tentent jamais de franchir ou de renverser la barrière insignifiante qui les tient prisonniers, les guanacos, doués de plus d'intelligence, se précipiteraient immédiatement sur les lambeaux d'étoffe, et une fois une ouverture pratiquée, les vigognes les suivraient. L'enceinte qui sert à cette chasse porte le nom de *chacu*.

VIS DE LA NOIX. C'est une des pièces de la platine du fusil; elle sert à attacher le marteau à la noix.

VIS DE LA PLATINE. C'est la vis qui traverse le bois du fusil de part en part et qui sert à fixer la platine au bois.

VISIÈRE. L'emploi de cette pièce n'est usité que pour les carabines et non pour les armes de chasse ordinaire. C'est, dans sa construction la plus simple, un rectangle d'acier dans lequel est découpée une ouverture en forme de V. Quand le tireur vise, il faut que la pointe du guidon vienne se placer exactement à la pointe du V.

VLOO ou **VLAU.** Cri par lequel le chasseur indique qu'il voit la bête. Ce cri ne s'applique guère qu'au sanglier, au loup et aux bêtes puantes. On se sert du mot Tayau quand il s'agit de fauve.

VOIE. C'est la ligne qu'a suivie la bête de chasse et où se trouve l'empreinte de son pied ou seulement les émanations que le nez du chien peut saisir. La voie est dite vive ou chaude, quand la bête vient seulement d'y passer ; elle est froide quand quelque temps s'est déjà écoulé depuis le passage de la bête.

VOIE DE BON TEMPS. Terme de vénerie qui s'applique à toute voie qui ne remonte pas à plus de deux heures.

VOIE DOUBLÉE. Se dit de la voie sur laquelle la bête est revenue.

VOIE DU RELEVÉ. Terme de vénerie pour indiquer une voie qui date de la veille.

VOL. On dit un vol ou une volerie en parlant de l'ensemble des oiseaux de la famille des rapaces qui constituent un équipage de fauconnerie.

Le gerfaut, le faucon, la cresserelle, l'émérillon, le hobereau sont appelés oiseaux de hautvol ; l'épervier, l'autour, la buse sont des oiseaux de bas vol.

VOLANT. On appelle volants, mouvants ou sambés, les oiseaux que le chasseur au filet place dans l'espace qui sépare ses nappes, en les attachant à l'aide d'un corselet à l'instrument nommé sambéyère. V. *Sambé* et *Sambéyère.*

VOLCELEST. Cri qui indique que le chasseur aperçoit la trace du cerf.

VRILLE. C'est le terme technique et le seul dont un chasseur doive se servir pour désigner la queue du sanglier.

VUE. Quand le chasseur aperçoit la bête par corps, il sonne la vue ou bien il pousse le cri de « tayau » pour le fauve ou bien de « vloo » pour les bêtes noires et les bêtes puantes.

FIN.

PUBLICATIONS DE Vᵉ PARENT & FILS, ÉDITEURS
A BRUXELLES.

BIBLIOTHÈQUE

DU

SPORTSMAN

A 5 FRANCS LE VOLUME.

I. LE CHIEN DE CHASSE. Description des différentes races de chiens, contenant des renseignements complets sur les particularités qui distinguent chacune d'elles. — Éducation et dressage. — Soins à donner dans toutes les maladies ; par **H. ROBINSON**, 2ᵉ édition (illustré).

Table des matières. — *Première catégorie.* Chiens courants qui chassent sur la piste. — Le limier. — Chiens courants français. — Chiens courants anglais. — Le chien de cerf et le chien de daim. — Le chien de lièvre. — Le chien de renard. — Le Beagle et le Basset. — *Deuxième catégorie.* Chiens courants qui chassent à vue. — Les Lévriers. — Le Lévrier d'Écosse. — Le Lévrier à poils ras. — *Troisième catégorie.* Chiens d'arrêt. — Chiens d'arrêt du continent. — Le Braque. — Le Griffon. — L'épagneul. — Chiens d'arrêt d'Angleterre. — Le Pointer. — Le Setter. — Les Épagneuls. — Le Retriever. — *Quatrième catégorie.* Les Terriers. — Dressage des chiens d'arrêt. — Dressage des chiens courants. — Le chenil. — Élève du chien. — Des maladies du chien et de leur traitement.

2. CONSEILS AUX CHASSEURS sur le tir, les armes, munitions et ustensiles du chasseur, la chasse en plaine et les différentes chasses des oiseaux sauvages, suivis d'une table alphabétique de tous les gibiers à poil et à plume avec des renseignements détaillés sur chacun d'eux, par H. ROBINSON, auteur du *Chien de Chasse* (illustré).

Table des matières. — Essai d'un fusil. — Choix d'un fusil. — Canons. — Crosse. — Calibres. — Poudre. — Plomb. — Ustensiles du chasseur. — Tir aux pigeons. — Chasse en plaine. — Perdreau. — Faisan. — Caille. — Bécasse, etc. — Chasse aux oiseaux sauvages. — Chasse en pleine mer. — Approche invisible. — Des chiens et de leurs maladies. — Fièvre typhoïde. — Gale. — Maux de pieds. — Épines, etc., etc. — Liste alphabétique des différents gibiers à poil et à plume, avec des renseignements sur leurs mœurs et la manière de s'en emparer. — Toilette et équipement du chasseur. — Attirail du chasseur.

3. LE CHEVAL ET L'AMAZONE. Traité de l'Équitation des Dames, par Mᵐᵉ STIRLING-CLARKE (illustré).

Table des matières. — Préface. — Introduction. — L'amazone. — Le cheval. — La selle et la bride. — De la manière de se mettre en selle. — De la manière de descendre de cheval. — L'assiette. — Les rênes. — La position des mains. — Les cinq positions quand les rênes sont séparées. — Les cinq positions quand les rênes sont réunies dans la même main. — Les mains. — Le pas. — Des tournants au pas. — De l'arrêt au pas. — De la manière de reculer au pas. — Le trot. — Le petit galop. — Des tournants au petit galop. — L'arrêt au petit galop. — Le galop. — Le cercle. — Le saut. — Situations critiques. — Observations générales. — La chasse. — Conclusion.

4. LE TIREUR INFAILLIBLE. Guide du sportsman concernant l'usage du fusil, contenant des leçons approfondies sur la chasse de tous les gibiers, le tir aux pigeons et le dressage des chiens, par MARKSMAN (illustré).

Table des matières. — Préface. — Les fusils. — La charge. — Premières leçons. — Fautes particulières aux jeunes sportsmen. — Faut-il viser? — Lâcher ou presser la détente. — L'attraction. — Déviation. — Portée. — Coups droits. — Coups obliques. — Coups descendants. — Coups perpendiculaires. — Le mauvais tireur. — Le tireur nerveux. — Vol du gibier. — Les compagnies de perdreaux. — Les compagnies dispersées. — Chasse au coq de bruyère. — Le vol des coqs de bruyère. — Le gibier à chair noire. — Le gibier blessé. — Tir au pigeon. — Projet de règlement concernant les tirs aux pigeons. — Dressage des chiens. — Les pointers et les setters. — Épagneuls. — Retrievers.

5. ÉCONOMIE DE L'ÉCURIE. Manuel concernant les soins a

donner aux chevaux, la disposition des écuries, les attributions des grooms, la nourriture, l'abreuvage et le travail, par **JOHN STEWART** 3ᵉ édition (illustré).

Table des matières. — Construction des écuries. — Ventilation. — Dépendances. — Personnel de l'écurie. — Soins à donner aux chevaux. — Confinements de l'écurie. — Accidents. — Habitudes. — Vices. — De la chaleur. — De la nourriture. — Préparation et composition. — Indigestion. — Pâturage. — De l'eau. — Service. — Préparation générale au travail. — Entraînement. — Maintien en condition. — Accidents. — Repos. — Entretien des chevaux malades ou tarés.

6. REMARQUES SUR LA CONDITION DES HUNTERS

le choix des chevaux et leur ménagement dans une série de lettres familières, publiées pour la première fois dans le *Sporting Magazine* de 1822 à 1828, par **NIMROD (LORD APPERLEY)**, traduit par M. GUYTON, d'après la 4ᵉ édition revue et enrichie de notes, par CORNELIUS TONGUE (CECIL) (illustré).

Table des matières. — Condition du cheval de chasse. — Objections contre l'envoi des chevaux au pâturage pour la saison d'été. — Écurie. — Gouvernement de l'écurie. — Écuries chaudes et froides. — Traitement après une rude journée. — Couvertures. — Foin et eau. — Soins de propreté. — Des atteintes. — Nécessité d'un fort travail. — Mauvais effets du repos trop prolongé. — Qualités nécessaires au groom. — Traitement des hunters pendant l'été. — Forte nourriture au lieu du pâturage. — Médecines. — Du pied. — Précautions à prendre dans la saison de la mue. — Suées. — Traitement après une rude et longue course. — Tonte. — Élevage. — Traitement des juments poulinières et des poulains. — Avantages de la tonte. — Marais salés. — Foin. — Nourriture verte. — Dépenses comparatives de l'entretien à la maison et au pâturage. — Du feu. — Résumé de la condition des hunters. — Apoplexie, délire, vertige. — Pousse. — Coups et blessures. — Déchirure des genoux. — Vésicants. — Cécité. — Vaisseaux sanguins. — Saignée. — Courbe. — Bleime. — Capelet du jarret. — Castration. — Tic. — Catarrhe ou refroidissement. — Coliques. — Robe et tonte. — Atteinte des membres. — Influenza. — Maladies héréditaires. — Courtaudage. — Diurétiques. — Fièvre. — Farcin. — Feu. — Morve. — Eaux aux jambes. — Humeurs. — Inflammation générale et locale. — Boiteries du pied. — Lampas. — Enflure des jambes. — Graisse fondue. — Énervation. — Purgation. — Forme. — Cornage. — Séton. — Dents. — Sel. — Seime. — Éparvin. — Suros. — Chevaux empalés. — Étranguillon. — Éparvin sec. — Tendons. — Blessure des reins. — Écuries. — Grosse haleine. — Épines et chicots dans les jambes. — Vessigon chevillé. — Mollettes. — Vers. — Jaunisse.

7. CONSEILS AUX ACHETEURS DE CHEVAUX. —

Exposé des maladies et des vices de conformation auxquels les chevaux sont sujets avec de nombreuses observations destinées à les faire connaître avant l'achat, suivi d'un traité de l'âge du cheval et d'un vocabulaire des termes d'hippiatrique, par **JOHN STEWART** (illustré).

Table des matières. — Conformation extérieure. — Proportions. — Robes. — Sexe. — Age. — Condition. — Paresse. — Énergie. — Action. — Courage. — Timidité. — Vices. — Éducation. — Tares. — Habitudes. — Imperfections. — Cas rédhibitoires. — Santé. — Chevaux malsains. — Maladies. — Lois qui traitent de la vente et de la garantie des chevaux. — L'âge du cheval. — Vocabulaire des principaux termes d'hippiatrique.

8. GRANDEUR ET DÉCADENCE D'UN CHEVAL DE COURSE, par **JOHN MILLS** (illustré).

Table des matières. — L'enclos. — L'homme de bois. — Toby. — Mon premier voyage. — Newmarket. — La bruyère. — La première suée. — Une première apparition en public. — Le criterium. — Comment on fait un livre. — La préparation pour le Derby. — Le Derby. — Le vent tourne. — Le Saint-Léger. — Le Tattersall. — Par ce que je fais, je prouve ce que j'aurais pu faire. — Ma boiterie, ses causes et ses suites. — La drogue. — Un tour en province. — Le mors. — Le Cab. — Conclusion. — Tableau de réduction des kilogrammes en stones.

9. LES COURSES EN FRANCE, EN BELGIQUE

ET A BADE. Origines, performances et produits des vainqueurs des principaux prix dans ces diverses contrées. — Tableaux de tous les prix groupés par réunions de courses, par **CHARLES DU HAYS.**

10. MANUEL DE LA CONSERVATION DU GIBIER

PAR L'EXTIRPATION DU BRACONNAGE et la destruction des animaux nuisibles. Suivi d'une instruction sur l'emploi des furets et du texte annoté des lois belge et française sur la chasse.

Table des matières. — Du braconnage envisagé en général et des moyens de le combattre. — Grouses. — Faisans. — Perdreaux. — Lièvres. — Lapins. — Destruction des animaux nuisibles. — Le Renard. — Le Chat. — Le Putois, le Hérisson, la Fouine et la Belette. — Le Faucon. — La Buse commune. — L'Épervier. — La Crécerelle. — La Corneille noire. — La Pie. — Le Geai. — De l'élève des furets et des soins à leur donner. — Appendice. — Loi française sur la chasse. — Loi belge sur la chasse, du 26 février 1846.

11. LE PIED DU CHEVAL et la manière de le conserver sain, par WILLIAM MILES, traduit sur la huitième édition par M. GUYTON (illustré).

Table des matières. — Description du pied. — Enlèvement du vieux fer. — Préparation du pied à recevoir le fer neuf. — Poids du fer. — Largeur de ses branches. — Objections aux fers « bien écartés en talons. » — Forme du fer. — Objections aux fers épais en talons. — Utilité d'un pinçon ou pince. — Ajusture. — Surface inférieure. — Motifs de relever les fers toutes les deux ou trois semaines. — Nombre et position des clous. — Comment la dilatation du pied est permise par la clouture unilatérale. — Guérison des bleimes par la clouture unilatérale à cinq clous. — Remarques sur la ferrure avec semelle. — Considérations sur le fer de derrière. — Objections à l'usage général des « crampons. » — Pinçons. — Causes et empêchement de « forger. » — « Atteintes : » comment produites et prévenues. — Méthode pour découvrir la partie exacte du fer avec laquelle un cheval se « coupe. » — Motifs contre le ferrage des chevaux à l'écurie loin de la forge. — Observations générales sur la ferrure des hunters et celle des chevaux de course. — Avantages des boxes libres. — Désavantages des stalles, démontrés par le nombre de chevaux réformés dans les régiments de cavalerie. — La meilleure manière de convertir les stalles en boxes. — Sens du mot « sain » quand on l'applique au pied du cheval. — Le « pointer » n'est pas une ruse, mais un symptôme de maladie. — Importance d'un exercice journalier régulier pour l'état sain des pieds du cheval. — Traitement du pied à l'écurie. — La mauvaise ferrure est la cause réelle de l'échauffement des fourchettes. — Considérations sur la valeur de la garantie générale. — *Appendice :* Réfutation de l'argument que les chevaux exigent plus d'appui en talons que la nature ne leur en a accordé. — Motifs pour lesquels le système de clouture unilatérale n'est pas employé plus généralement. — Valeur erronée accordée à l'opinion des forgerons et des garçons d'écuries. — Description du fer de chasse. — Exemples de chevaux de chasse, de labour et de diligence ferrés avec cinq, quatre et même trois clous seulement. — Gutta-percha préférable comme semelle au cuir. — Motifs qui ont détourné les chirurgiens vétérinaires et les autres personnes de faire des expériences sur les clous en petit nombre. — Grande valeur de la clouture unilatérale chez les hunters. — Description détaillée du procédé de la ferrure. — Étude des causes de la « perte » des fers.

12. DICTIONNAIRE DE LA RACE PURE pour remonter à l'origine des chevaux et juments de pur sang anglais qui ont été introduits en France, Belgique, Hollande et tout le continent germanique et des individualités célèbres restées en Angleterre, qui ont formé, illustré et conservé cette race, par CHARLES DU HAYS.

13. GUIDE DU PARIEUR AUX COURSES, contenant les combinaisons les plus favorables, les règlements du jockey-club et du salon des courses ainsi que les tables de proportion nécessaires à tous les paris, par un vieux sportsman (illustré).

Table des matières. — Règle fondamentale des paris. — Règlement du salon des courses (*Betting-Room*). — Avant-propos. — De l'origine des courses. — Règlement des paris du Jockey-Club. — Des différents modes de parier. — Des proportions. — Manière de calculer les proportions. — Un cheval contre le champ. — Chevaux couplés contre le champ. — Trois chevaux contre le champ. — Une écurie contre le champ. — Rapport des chevaux entre eux. — Un cheval contre deux chevaux couplés. — Questions diverses. — Parier qu'un même cheval ne gagnera pas deux courses désignées. — Parier que deux chevaux engagés dans deux courses différentes ne gagneront pas chacun leur course respective. — Placer deux chevaux premier et second dans une course. — Nommer les deux premiers chevaux dans une course sans désigner l'ordre d'arrivée. — Des poules. — Les livres de paris. — Modèle de livre d'après le dernier Derby de Chantilly. — Manière d'inscrire ses paris et de tenir son livre. — Table de proportions. — Derniers conseils.

14. CHEVAUX DE SELLE, de chasse, de course et d'attelage. Manuel complet de l'éleveur et du propriétaire de chevaux, par H. RO- BINSON (illustré).

Table des matières. — Le cheval de selle. — Le cheval arabe. — Le cheval limousin. — Le cheval espagnol. — Le cheval de course. — Le cheval de chasse. — Le cheval anglais. — Le cheval irlandais. — Le cheval d'attelage. — Le cheval mecklembourgeois. — Le bai Cleveland. — Extérieur et proportions du cheval. — Allures et mouvements sur place. — Age, sexe et robe. — Introduction au dressage, les forces du cheval. — Le dressage. — L'entraînement. — Des écuries. — De la nourriture. — Des soins généraux. — Soins des jambes et des pieds. — Bandages et bottes. — Couvertures. — Chasses à courre. — Courses. — Les paris de courses. — L'entraînement à l'âge de deux ans. — De l'art de monter les chevaux de course. — L'art d'handicaper.

15. LES TROTTEURS. Origines, performances et produits des individualités qui ont le plus marqué dans les courses au trot. — Tableau des meilleures vitesses pour quatre kilomètres et au-dessus. — Nombre des courses dont le temps a été constaté chaque année, par CHARLES DU HAYS.

16. TRAITÉ DES COURSES AU TROT par EPHREM HOUEL, deuxième édition revue et augmentée.

Table des matières. — Spécialité des courses au trot. — De l'introduction des courses au trot en France. — Des courses au trot dans les pays étrangers. — Usage du trot. — Définition de cette allure. — Conformation du cheval trotteur. — Dressage des chevaux au trot. — De l'équitation anglaise pour le trot. — Organisation des courses au trot. — Société de courses. — Hippodromes. — Règlements. — Des courses en Suisse. — Courses au trot des chevaux attelés et montés. — Liste des principaux trotteurs nés en France depuis l'établissement des courses au trot. — Les institutions des établissements hippiques des États-Unis en 1853. — Des hippodromes pour le trot. — Formation d'un hippodrome américain spécial pour le trot. — Courses au trot dans le Long-Island (États-Unis). — Courses de chevaux au trot en Russie. — Des courses au trot dans tous les pays du monde connu.

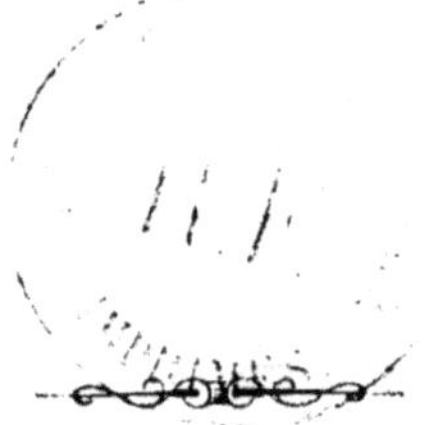

Typ. de Vᵉ PARENT ET FILS, à Bruxelle

Typographie de P. Parent et Fils, à Bruxelles.